理化检测技术与应用丛书

石油产品分析技术与应用

组　编　中国中车股份有限公司计量理化技术委员会
主　编　于跃斌　汪　涛
副主编　苗丙钢　邹　丰
参　编　宋　磊　李　岩　孙俊艳　王艳玲
　　　　张　莉　王耀新　仇慧群

机械工业出版社

本书系统地介绍了石油产品分析的基本理论，石油产品的质量指标、试验方法和主要影响因素，重点介绍了石油产品主要性能的测定技术。其主要内容包括概述、石油产品基本理化性质的测定、石油产品蒸发性能的测定、石油产品低温流动性能的测定、石油产品燃烧性能的测定、石油产品腐蚀性的测定、石油产品安定性的测定、石油产品电性能的测定、石油产品中杂质的测定、润滑脂及其性能测定。本书采用现行的国家标准和行业标准，内容新颖、实用，具有较高的参考价值。

本书可供石油产品分析检验人员、生产和使用石油产品的工程技术人员及科研人员、相关专业的在校师生参考，也可作为石油产品分析检验的培训教材。

图书在版编目（CIP）数据

石油产品分析技术与应用/中国中车股份有限公司计量理化技术委员会组编；于跃斌，汪涛主编. —北京：机械工业出版社，2024.3
（理化检测技术与应用丛书）
ISBN 978-7-111-75164-9

Ⅰ.①石…　Ⅱ.①中…　②于…　③汪…　Ⅲ.①石油产品-分析
Ⅳ.①TE626

中国国家版本馆 CIP 数据核字（2024）第 039432 号

机械工业出版社（北京市百万庄大街 22 号　邮政编码 100037）
策划编辑：陈保华　　　　　责任编辑：陈保华　李含杨
责任校对：梁　园　牟丽英　封面设计：马精明
责任印制：郜　敏
三河市宏达印刷有限公司印刷
2024 年 3 月第 1 版第 1 次印刷
184mm×260mm·10.5 印张·241 千字
标准书号：ISBN 978-7-111-75164-9
定价：49.00 元

电话服务　　　　　　　　　网络服务
客服电话：010-88361066　　机 工 官 网：www.cmpbook.com
　　　　　010-88379833　　机 工 官 博：weibo.com/cmp1952
　　　　　010-68326294　　金 书 网：www.golden-book.com
封底无防伪标均为盗版　　　机工教育服务网：www.cmpedu.com

丛书编委会

前 言

本书是中国中车股份有限公司计量理化技术委员会组织编写的"理化检测技术与应用丛书"之一,可供石油产品分析检验人员、生产和使用石油产品的工程技术人员及科研人员、相关专业的在校师生等参考,也可作为石油产品分析检验的培训教材。

本书系统地介绍石油产品分析的基本理论,石油产品的质量指标、试验方法和主要影响因素,重点介绍了燃料油、润滑油、润滑脂等石油产品主要使用性能的测定技术。本书在内容选择方面,突出"实际、实践、实用"的原则;在知识结构方面,突出应用特色和能力本位,利于提高读者的理论联系实际能力、分析问题与解决问题能力和自学能力。

本书由于跃斌、汪涛担任主编,苗丙钢、邹丰担任副主编,参加编写工作的还有:宋磊、李岩、孙俊艳、王艳玲、张莉、王耀新、仇慧群。其中,第1章、第5章由汪涛、邹丰编写,第2章由李岩编写,第3章由仇慧群编写,第4章由王耀新编写,第6章由于跃斌、苗丙钢编写,第7章由王艳玲编写,第8章由宋磊编写,第9章由孙俊艳编写,第10章由张莉编写。本书承徐罗平、邹丰审阅,提出了宝贵的意见,在此表示感谢。本书的出版工作得到了机械工业出版社的大力支持,在此表示诚挚的谢意。

在本书的编写过程中,参考了国内外的大量文献和相关标准,在此谨向有关人员表示衷心的感谢!限于编者水平有限,书中不妥和错误之处在所难免,敬请读者批评指正。

汪 涛

目　录

第 1 章

概述

1.1 石油及石油产品

石油是一种黏稠状的可燃性液体矿物油，颜色多为黑色、褐色或绿色，少数为黄色。地下开采出来的石油未经加工前叫原油。

石油产品是以石油或石油某一部分作为原料直接生产出来的各种商品的总称，如燃料、润滑油、润滑脂、石蜡、沥青、石油焦及炼厂气等。

1.1.1 石油的组成

1. 石油的元素组成

世界上各国油田所产原油的性质虽然千差万别，但它们的元素组成基本一致。即主要由 C、H 两种元素组成。其中，C 的质量分数为 83.0% ~ 87.0%，H 的质量分数为 10.0% ~ 14.0%；根据产地不同，还含有少量的 O、N、S 和微量的 Cl、I、P、As、Si、Na、K、Ca、Mg、Fe、Ni、V 等元素。这些元素均以化合物形式存在于石油中。

2. 石油的化合物组成

石油不是一种单纯的化合物，而是由几百种甚至上千种化合物组成的混合物。随着产地的不同，元素组成也各不相同，因而石油的化合物组成也存在很大的差异。它们主要由烃类和非烃类组成，此外还有少量无机物。

（1）烃类化合物　烃类化合物（即碳氢化合物）是石油的主要成分。石油中的烃类数目庞大，至今无法确定。但通过大量研究发现，烷烃、环烷烃和芳香烃是构成石油烃类的主要成分，它们在石油中的分布变化较大。例如，含烷烃较多的原油称为石蜡基原油，含环烷烃较多的原油称为环烷基原油，而介于二者之间者称为中间基原油。

（2）烃的衍生物　烃的衍生物即非烃类有机物。这类化合物的分子中除含有 C、H 元素外，还含有 O、N、S 等元素，这些元素含量虽然很少（质量分数为 1% ~ 5%），但它们形成化合物的量却很大，一般占石油总质量的 10% ~ 15%，极少数原油中非烃类有机物的质量分数甚至高达 60%。烃的衍生物对石油炼制和石油产品质量的影响很大，其大部分需在加工过程中予以脱除，如果将它们进行适当处理，也可生产一些有用的化工产品。

（3）无机物　除烃类及其衍生物外，石油中还含有少量无机物，主要是水及 Na、Ca、

Mg 的氯化物、硫酸盐和碳酸盐及少量泥污等。它们分别呈溶解、悬浮状态或以油包水型乳化液分散于石油中。其危害主要是增加原油贮运的能量消耗，加速设备腐蚀和磨损，促进结垢和生焦，影响深度加工催化剂的活性等。

1.1.2 石油产品分类

我国石油产品分类的主要依据是 GB/T 498—2014《石油产品及润滑剂 分类方法和类别的确定》。该标准按主要用途和特性将石油产品划分为六类，即燃料（F）、溶剂和化工原料（S）、润滑剂及有关产品（L）、蜡（W）、沥青（B）、焦（C）等。其类别名称代号是按反映各类产品主要特征的英文名称的第一个字母确定的。

石油产品分类标准采用统一命名格式，产品整体名称以编码形式表示。其一般形式为

$$\boxed{类别}-\boxed{品种}\ 数字$$

其中，石油产品和有关产品的类别用一个字母表示，该字母和其他符号用短横线"-"相隔；品种由一组英文字母所组成，其首字表示级别，后面所跟的字母单独存在时是否有含义，在有关组或品种的详细分类标准中都有明确规定；数字位于产品名称最后，其含义规定在有关标准中。

例如 L-G68，其中 L 表示润滑剂，G 表示导轨油（导轨用润滑剂的组别），68 表示黏度等级（GB/T 3141—1994《工业液体润滑剂 ISO 黏度分类》中的黏度等级）。

又如 L-HL32，其中第 1 个 L 表示润滑剂，H 表示液压系统用油，第 2 个 L 表示具有抗氧和防锈性能的精制矿物油，32 表示黏度等级（GB/T 3141—1994《工业液体润滑剂 ISO 黏度分类》中的黏度等级）。

1. 燃料

石油燃料是指用来作为燃料的各种石油气体、液体的统称。按 GB/T 12692.1—2010《石油产品 燃料（F 类）分类 第 1 部分：总则》将其分为 4 组。

（1）气体燃料（组别代号 G） 主要包括甲烷、乙烷或它们混合组成的石油气体燃料。

（2）液化气燃料（组别代号 L） 主要是由丙烷、丙烯、丁烷和丁烯混合组成的石油液化气燃料。

（3）馏分燃料（组别代号 D） 除液化石油气以外的石油馏分燃料，包括汽油、喷气燃料、煤油和柴油。重质馏分油可含少量蒸馏残油。

（4）残渣燃料（组别代号 R） 主要由蒸馏残油组成的石油燃料。

2. 溶剂和化工原料

溶剂和化工原料一般是石油中低沸点馏分，即直馏馏分、催化重整产物抽提芳烃后的抽余油经进一步精制而得到的产品，一般不含添加剂，主要用途是作为溶剂和化工原料。

3. 润滑剂及有关产品

润滑剂是一类很重要的石油产品，几乎所有带有运动部件的机器都需要润滑剂。润滑剂包括润滑油和润滑脂。

目前，我国润滑剂及有关产品（L）按应用场合划分为 19 组，见表 1-1。

表 1-1　润滑剂及有关产品（L）的分类（GB/T 7631.1）

组别	应用场合	组别	应用场合
A	全损耗系统（total loss systems）	N	电器绝缘（electrical insulation）
B	脱模（mould release）	P	风动工具（pneumatic tools）
C	齿轮（gears）	Q	热传导（heat transfer）
D	压缩机,包括冷冻机和真空（ding refrigeration and vacuum pumps）	R	暂时保护防腐蚀（temporary protection against corrosion）
E	内燃机（internal combust ion engine）	S	特殊润滑剂应用场合　（applications of particular lubricants）
F	主轴、轴承和离合器（spindle bearings and associated clutches）	T	汽轮机（turbines）
		U	热处理（heat treatment）
G	导轨（slide ways）	X	用润滑脂的场合（applications requiring grease）
H	液压系统（hydraulic systems）	Y	其他应用场合（other applications）
M	金属加工（metal working）	Z	气缸（steam cylinders）

4. 蜡、沥青和焦

（1）蜡　蜡广泛存在于自然界，在常温下大多为固体，按其来源可分为动物蜡、植物蜡和矿物蜡。石油蜡包括液蜡、石油脂、石蜡和微晶蜡，它们是具有广泛用途的一类石油产品。液蜡一般是指 $C_9 \sim C_{16}$ 的正构烷烃，它在室温下呈液态。石油脂又称凡士林，通常是以残渣润滑油料脱蜡所得的蜡膏为原料，按照不同稠度的要求掺入不同含量的润滑油，并经过精制后制成的一系列产品。石蜡又称晶形蜡，它是从减压馏分中经精制、脱蜡和脱油而得到的固态烃类，其烃类分子的碳原子数为 $18 \sim 36$，平均相对分子质量为 $300 \sim 500$。微晶蜡是从石油减压渣油中脱出的蜡经脱油和精制而得的，它的碳原子数为 $36 \sim 60$，平均相对分子质量为 $500 \sim 800$。

（2）沥青　石油沥青是以减压渣油为主要原料制成的一类石油产品，它是黑色固态或半固态黏稠状物质。石油沥青主要用于道路铺设和建筑工程上，也广泛用于水利工程、管道防腐、电器绝缘和油漆涂料等方面。

（3）石油焦　石油焦为黑色或暗灰色的固体石油产品，它是带有金属光泽、呈多孔性的无定形碳素材料。一般石油焦碳的质量分数为 $90\% \sim 97\%$，氢的质量分数为 $1.5\% \sim 8\%$，其余为少量的硫、氮、氧和金属。石油焦一般是减压渣油烃延迟焦化而制得的，广泛用于冶金、化工等领域，作为制造石墨电极或生产化工产品的原料。

1.2　石油产品分析的目的、任务及标准

石油产品分析是指用统一规定或公认的试验方法，分析检验石油产品理化性质和使用性能的试验过程。石油产品分析课是建立在化学分析、仪器分析和石油炼制工程的基础上，以石油炼制中的原油分析、原材料分析，生产中控制分析和产品检验为主要内容的一门课程。

1.2.1 石油产品分析的目的和任务

1. 石油产品分析的目的

石油产品分析的目的是通过一系列的分析试验，为石油从原油到石油产品的生产过程和产品质量进行有效控制和检验。它是石油产品生产加工的"眼睛"，可为石油产品加工过程提供有效的科学依据。

2. 石油产品分析的任务

1）为制订加工方案提供基础数据。对用于石油炼制的原油和原材料进行分析检验，为建厂设计和制订生产方案提供可靠的数据。

2）为控制工艺条件提供数据。对各炼油装置的生产过程进行控制分析，系统地检验各馏出口产品和中间产品的质量，从而对各生产工序及操作进行及时调整，以保证产品质量和安全生产，并为改进生产工艺条件、提高产品质量、增加经济效益提供依据。

3）检测石油产品的质量。对石油产品进行质量检验，确保进入商品市场的石油产品的质量，促进企业建立健全的质量保证体系。

4）对石油产品的使用性能进行评定。对超期贮存和失去标签或发生混串石油产品的使用性能进行评定，以便确定上述石油产品能否使用或提出处理意见。

5）对石油产品的质量进行仲裁。当石油产品生产和使用部门对石油产品质量发生争议时，可根据国际或国家统一制定的标准进行检验，确定石油产品的质量，做出仲裁，以保证供需双方的合法利益。

1.2.2 石油产品分析的标准

1. 石油产品标准

石油产品标准是指将石油及石油产品的质量规格按其性能和使用要求规定的主要指标。石油产品标准包括产品分类、分组、命名、代号、品种（牌号）、规格、技术要求、检验方法、检验规则、产品包装、产品识别、运输、贮存、交货和验收等内容。在我国主要执行强制性国家标准（GB）、推荐性国家标准（GB/T）、石油化工行业标准（SH）和企业标准［如石油化工企业标准（Q/SH）］，涉外的按约定执行。

2. 试验方法标准

石油产品是复杂有机化合物的混合物，理化性质没有固定值，因此，其试验需用特定的仪器，按规定的操作条件进行。石油产品试验方法标准就是根据石油产品试验多为条件性试验的特点，为方便使用和确保贸易往来中具有仲裁和鉴定法律约束力，而制定的一系列分析方法标准。试验方法标准包括适用范围、方法概要、使用仪器、材料、试剂、测定条件、试验步骤、结果计算、精密度等技术规定。根据标准的适应领域和有效范围分为以下六类。

（1）国际标准　国际标准是指国际标准化组织（ISO）、国际电工委员会（IEC）和国际电信联盟（ITU）制定的标准，以及国际标准化组织确认并公布的其他国际组织所制定的标准。国际标准在全世界范围内统一使用。

（2）地区标准　地区标准是指局限在几个国家和地区组成的集团使用的标准，如欧洲标准化委员会（CEN）制定和使用的欧洲标准（EN）。

（3）国家标准　国家标准是指在全国范围内统一使用的标准，一般是由国家指定机关制定、颁布实施的法定性文件。例如，我国石油产品及石油产品试验方法国家标准是由国务院标准化行政主管部门指派中国石油化工科学研究院组织制定的，在 1988 年以前由国家标准局颁布实施，1990 年后依次改由国家技术监督局、国家质量技术监督局、国家质量监督检疫检验总局发布，目前由国家质量监督检验检疫总局和国家标准化管理委员会联合发布。

国家标准号前都冠以不同字头（见表 1-2），如美国用 ANSI，英国用 BSI，德国用 DIN，日本用 JIS 等。

表 1-2　部分国家标准、国家或国际标准化机构代码及名称

标准代号	原文名称	汉语译文
ANSI	American National Standard Institute	美国国家标准学会
API	American Petroleum Institute	美国石油学会
APIRP	American Petroleum Institute Recommended Practice	美国石油学会推荐使用规程
ASTM	American Society for Testing and Materials	美国材料与试验协会
BSI	British Standard Institution	英国标准协会
IEC	International Electrotechnical Commission	国际电工委员会
IP	Institute of Petroleum	（英国）石油学会
ISO	International Standardization Organization	国际标准化组织
DIN	Deutsche Industrie Norm	德国工业标准
JIS	Japan Industrial Standard（英）	日本工业标准
NF	Normes Francises	法国标准

（4）行业标准　行业标准是指在无现行国家标准而又需要在全国行业范围内统一技术要求时所制定的标准。行业标准由国务院有关行政主管部门制定实施，并报国务院标准化行政部门备案，如中华人民共和国石油化工行业标准用 SH 表示。行业标准不得与国家标准相抵触。国际上著名的行业标准有美国材料与试验协会（ASTM）标准、英国石油学会（IP）标准和美国石油学会（API）标准。它们都是世界上著名的行业标准，是各国分析方法靠拢的目标。

（5）地方标准　地方标准是指在没有国家标准和行业标准，而又需要在省、自治区、直辖市范围内统一工业产品要求时所制定的标准，如，北京市地方标准 DB 11/238—2004《车用汽油》。

（6）企业标准　企业标准是指在没有相应的国家或行业标准时，企业自身所制定的试验方法标准。企业标准须报当地政府标准化行政主管部门和有关行政主管部门备案。企业标准不得与国家标准或行业标准相抵触。为了提高产品质量，企业标准可以比国家标准或行业标准更为先进。

石油产品试验方法属技术标准中的方法标准。我国石油产品试验方法的编号意义如下：编号的字母（汉语拼音）表示标准等级，带有 T 的为推荐性标准，无 T 的为强制性标准，

中间的数字为发布标准序号，末尾数字为审查批准年号，批准年号后面如有括号时，括号内的数字为该标准进行重新确认的年号。例如，GB 17930—2006 为中华人民共和国强制性国家标准第 17930 号，2006 年批准；GB/T 19147—2003 为中华人民共和国推荐性国家标准第 19147 号，2003 年批准；GB/T 261—1983（1991）为中华人民共和国推荐性标准第 261 号，1983 年批准，1991 年重新确认；SH/T 0404—2008 为中华人民共和国石油化工行业推荐性标准第 0404 号，2008 年批准。

1.2.3　我国采用国际标准或国外先进标准的方式

1. 等同采用

"等同采用"用符号"≡"、缩写字母"idt"表示。其技术内容完全相同，没有或仅有编辑性修改，编写方法完全对应。

2. 等效采用

"等效采用"用符号"="、缩写字母"eqv"表示。其技术内容基本相同，个别条款结合我国情况稍有差异，但可被国际标准接受，编写方法不完全对应。

3. 非等效采用

"非等效采用"即"参照采用"，用符号"≠"、缩写字母"nev"表示。其技术内容有重大差异，有互不接受的条款。

1.3　试验数据的处理

1.3.1　数据中的有关术语

（1）真实值　客观存在的真实数值。绝对的真实值是难以获得的，一般可在消除系统误差后，用多个实验室得到的单个结果的平均值来表示。

（2）误差　测量结果与真实值之间的差值。表示方法有绝对误差和相对误差两种。

（3）绝对误差　误差的绝对值，即测定值减去真实值之差。

（4）相对误差　绝对误差与真实值之比乘以 100% 所得的相对值。

（5）系统误差　试验工作中由于某些恒定因素（如试验方法、试剂、仪器等）的影响而出现的恒定误差。这种误差表现为结果与真实值之间存在一个稳定的正误差或负误差。该类误差可通过改进试验技术予以减小。

（6）偶然误差　在全部测试中，尽管最严格地控制了各种变量（条件），但偶然的因素仍会使结果之间产生差异。该类误差一般为人为原因造成的，其误差随机变化，可为正值或负值。

（7）准确度　测量结果与真实值的符合程度，一般以相对误差来表示。

（8）偏差　测量结果与平均值之间的差值。

（9）精密度　用同一试验方法对同一试样测定的两个或多个结果的一致性程度。石油产品试验精密度用重复性和再现性表示。

（10）重复性（r） 在相同的试验条件下（同一操作者、同一仪器、同一实验室），在短时间间隔内，按同一方法对同一试验材料进行正确和正常操作所得独立结果在规定置信水平（置信度通常为95%）下的允许差值。即在重复条件下，取得的两个结果之差小于或等于 r 时，则认为结果合格；当两个结果之差大于 r 时，则两个结果都应认为可疑。

（11）再现性（R） 在不同试验条件（不同操作者、不同仪器、不同实验室）下，按同一方法对同一试验材料进行正确和正常操作所得单独的试验结果在规定置信水平（置信度通常为95%）下的允许差值。两个实验室得到的结果，其差值小于或等于 R 时，则认为这两个结果是可接受的，可取这两个结果的平均值作为测定结果；否则两者均可疑。

1.3.2 数据处理及试验结果报告

1. 分析数据的处理

石油产品分析所得试验数据是否可靠，可通过对精密度（即重复性和再现性）的分析来判断。如果两次测定结果之差小于或等于95%置信水平下的 r 值和 R 值，则认为两个测定结果可靠，数据有效，可将其平均值作为测定的结果。如果两次测定结果之差大于95%置信水平下的 r 值和 R 值，则两个数据均可疑。此时，至少要取得3个以上结果（包括先前两个结果），然后计算最分散的结果和其余结果的平均值之差，将其差值与方法的精密度相比较。如果差值超出，则应舍弃最分散的结果，再重复上述方法，直至得到一组可接受的结果为止。

例如，在沥青软化点测定中，采用 GB/T 4507—2014 标准方法，其重复性要求如下：

同一操作者，对同一样品重复测定两个结果之差不大于 1.2℃。如果两次测定结果分别为 116.8℃ 和 115.7℃，则数据处理如下：

两次结果的最大差值为

$$116.8℃ - 115.7℃ = 1.1℃ < 1.2℃$$

则这两次测定数据符合精密度要求，数据有效。其分析结果为

$$\frac{116.8℃ + 115.7℃}{2} = 116.25℃$$

又如，对道路石油沥青的针入度测定中，采用 GB/T 4509—2010 标准方法，140 号道路石油沥青针入度在 110~150mm 范围内，允许误差为最大值与最小值的差值不超过 4mm。若 5 次的平行测定结果为 125mm、124mm、126mm、127mm、127mm，则其数据处理如下。

最大差值为 $127mm - 124mm = 3mm < 4mm$

则此 5 个测定数据符合精密度要求，数据均有效，其分析结果应为

$$\frac{125mm + 124mm + 126mm + 127mm + 127mm}{5} = 125.8mm$$

2. 分析结果报告

在石油产品分析中，要求将准确的分析结果及时地反馈给生产单位和生产指挥人员，以

便及时调整生产工艺,得到合格的石油产品及半成品。这就需要填写分析报告单,紧急情况下,可先用电话报告分析结果后送书面报告。分析报告单一般以图表或文字形式填写,并按规定要求清楚、完善、准确填写,报告单上不得涂改或臆造数据。

试验结果报告单一般应包括采样时间、地点、试样编号、试样名称、测定次数、完成测定时间、所用仪器型号、分析项目、分析结果、备注、分析人员、技术负责人签字、实验室所在单位盖章等。作为鉴定分析或仲裁分析,还应包括试验方法、标准要求及约定等。

第2章

石油产品基本理化性质的测定

石油产品的理化性质是控制石油炼制过程和评定产品质量的重要指标，也是石油炼制工艺装置设计与计算的依据。

石油产品的理化性质是组成它的各种化合物性质的综合表现。由于石油产品是多种有机化合物的复杂混合物，其组成不易直接测定，而且多数理化性质又不具有加和性，所以对石油产品理化性质的测定常常采用条件性试验，即使用特定的仪器按照规定的试验条件来测定，这样便于统一标准，使分析数据具有可比性，避免争议。因此，离开了特定的仪器和规定的条件，所测得石油产品的性质数据就毫无意义。本章主要介绍石油产品的密度、黏度、闪点、燃点、自燃点和残炭等理化性质的测定。

2.1 密度

2.1.1 石油产品密度及其测定意义

1. 密度和相对密度

（1）密度 单位体积物质的质量称为密度，符号为 ρ，单位是 g/mL 或 kg/m^3。石油产品的密度与温度有关，通常用 ρ_t 表示温度 t 时石油产品的密度。我国规定 20℃时，石油及液体石油产品的密度为标准密度。在温差为 20℃±5℃范围内，石油产品密度随温度的变化可近似地看作直线关系，由式（2-1）换算。

$$\rho_{20} = \rho_t + \gamma(t - 20℃) \tag{2-1}$$

式中 ρ_{20}——石油产品在 20℃时的密度（g/mL）；

ρ_t——石油产品在温度 t 时的密度（g/mL）；

γ——石油产品密度的平均温度系数，即油品密度随温度的变化率 [g/(mL·℃)]；

t——石油产品的温度（℃）。

石油产品密度的平均温度系数见表 2-1。若温度相差较大时，可根据 GB/T 1885《石油计量表》，由测得的温度 t 时石油产品的密度换算成标准密度。

（2）相对密度 物质的相对密度是指物质在给定温度下的密度与规定温度下标准物质的密度之比。液体石油产品以纯水为标准物质，我国及东欧各国习惯用 20℃时石油产品的密度与4℃时纯水的密度之比表示石油产品的相对密度，其符号用 d_4^{20} 表示，无量纲。由于水在4℃时的密度等于 1g/mL，因此液体石油产品的相对密度与密度在数值上相等。

欧美各国常以 15.6℃ 作为石油产品和纯水的规定温度，用 $d_{15.6}^{15.6}$（或用 $d_{60℉}^{60℉}$ 表示，因为 60℉ = 15.6℃）表示石油产品的相对密度。利用表2-2可以进行两种相对密度之间的换算，换算关系为

$$d_4^{20} = d_{15.6}^{15.6} + \Delta d \qquad (2\text{-}2)$$
$$d_{15.6}^{15.6} = d_4^{20} - \Delta d \qquad (2\text{-}3)$$

式中　d_4^{20}——石油产品在20℃时的相对密度；

$d_{15.6}^{15.6}$——石油产品在15.6℃时的相对密度；

Δd——石油产品相对密度校正值。

表 2-1　石油产品密度的平均温度系数

$\rho_{20}/(\text{g/mL})$	$\gamma/[\text{g/(mL·℃)}]$	$\rho_{20}/(\text{g/mL})$	$\gamma/[\text{g/(mL·℃)}]$
0.700~0.710	0.000897	0.850~0.860	0.000699
0.710~0.720	0.000884	0.860~0.870	0.000686
0.720~0.730	0.000870	0.870~0.880	0.000673
0.730~0.740	0.000857	0.880~0.890	0.000660
0.740~0.750	0.000844	0.890~0.900	0.000647
0.750~0.760	0.000831	0.900~0.910	0.000633
0.760~0.770	0.000813	0.910~0.920	0.000620
0.770~0.780	0.000805	0.920~0.930	0.000607
0.780~0.790	0.000792	0.930~0.940	0.000594
0.790~0.800	0.000778	0.940~0.950	0.000581
0.800~0.810	0.000765	0.950~0.960	0.000568
0.810~0.820	0.000752	0.960~0.970	0.000555
0.820~0.830	0.000738	0.970~0.980	0.000542
0.830~0.840	0.000725	0.980~0.990	0.000529
0.840~0.850	0.000712	0.990~1.000	0.000518

表 2-2　d_4^{20} 与 $d_{15.6}^{15.6}$ 换算表

d_4^{20} 或 $d_{15.6}^{15.6}$	Δd	d_4^{20} 或 $d_{15.6}^{15.6}$	Δd
0.7000~0.7100	0.0051	0.8400~0.8500	0.0043
0.7100~0.7300	0.0050	0.8500~0.8700	0.0042
0.7300~0.7500	0.0049	0.8700~0.8900	0.0041
0.7500~0.7700	0.0048	0.8900~0.9100	0.0040
0.7700~0.7800	0.0047	0.9100~0.9200	0.0039
0.7800~0.8200	0.0046	0.9200~0.9400	0.0038
0.8000~0.8200	0.0045	0.9400~0.9500	0.0037
0.8200~0.8400	0.0044		

美国石油协会还常用相对密度指数（API°）表示石油产品的相对密度，它与 $d_{15.6}^{15.6}$ 的关系如下：

$$API° = \frac{141.5}{d_{15.6}^{15.6}} - 131.5 \tag{2-4}$$

2. 石油产品密度与组成的关系

石油产品的密度与化学组成和结构有关。在碳原子数相同的情况下，不同烃类密度（见表 2-3）大小顺序为：芳烃>环烷烃>烷烃。

表 2-3　几种烃类的相对密度

名称	d_4^{20}	名称	d_4^{20}
苯	0.8789	甲苯	0.8670
环己烷	0.7785	甲基环己烷	0.7694
正己烷	0.6594	3-甲基环己烷	0.6871
2-甲基戊烷	0.6531	正庚烷	0.6837

同种烃类，密度会随沸点升高而增大。当沸点范围相同时，含芳烃越多，其密度越大；含烷烃越多，其密度越小。而胶质的相对密度较大，其范围是 1.01~1.07，因此石油及石油产品中，胶质含量越高，其相对密度就越大。

3. 测定石油产品密度的意义

（1）计算石油产品性质　对容器中的石油产品，测出容积和密度，就可以计算其质量。利用喷气燃料的密度和质量热值，可以计算其体积热值。

（2）判断石油产品的质量　由于石油产品的密度与化学组成密切相关，因此根据相对密度可初步确定石油产品的品种，如汽油的相对密度为 0.70~0.77，煤油的相对密度为 0.75~0.83，柴油的相对密度为 0.80~0.86，润滑油的相对密度为 0.85~0.89，重油的相对密度为 0.91~0.97。在石油产品生产、贮运和使用过程中根据密度的增大或减小，可以判断是否混入重油或轻油。

根据相对密度，原油分为三个类型：轻质原油、中质原油和重质原油。轻质原油一般含汽油、煤油、柴油等轻质馏分较高，含硫、含胶质较少（如我国青海和克拉玛依油田的原油），或者含轻馏分不高，但烷烃含量很高（如大庆油田的原油）。重质原油一般含轻馏分和蜡都比较少，而含硫、氮、氧及胶质较多，如孤岛油田的原油。石油产品相对密度与平均沸点相关联，还可以组成新的参数即特性因数（K），原油按 K 值不同分为三个类型：石蜡基原油（K>12.1）、中间基原油（11.5<K<12.1）和环烷基原油（10.5<K<11.5）。不同类型原油的组成和性质不同，如石蜡基原油一般含烷烃超过 50%，其特点是含蜡多，密度小，凝点高；而环烷基原油一般密度大，凝点低，汽油中含有较多环烷烃；中间基原油则介于二者之间。原油的分类为确定合理的加工方案提供了依据。

（3）影响燃料的使用性能　喷气燃料的能量特性用质量热值（MJ/kg）和体积热值（MJ/m³）表示。燃料的密度越小，其质量热值越高，对续航时间不长的歼击机，为了尽可能减少飞机载荷，应使用质量热值高的燃料。相反，燃料的密度越大，其质量热值越小，但体积热值大，适用于作远程飞行燃料，这样可减小油箱体积，降低飞行阻力。

2.1.2 石油产品密度测定方法

测定液体石油产品密度的方法有密度计法和密度或相对密度测定法两种。生产分析中主要用密度计法。

1. 密度计法

用密度计法测定液体石油产品密度是按 GB/T 1884—2000《原油和液体石油产品密度实验室测定法（密度计法）》中的试验方法进行的，该方法等效采用国际标准 ISO 3675：1998。其理论依据是阿基米德原理。测定时，将密度计垂直放入液体中，当密度计排开液体的质量等于其本身的质量时，处于平衡状态，漂浮于液体中。密度大的液体浮力较大，密度计露出液面较多；相反，液体密度小，浮力也小，密度计露出液面部分较少。在密度计干管上，是以纯水在4℃时的密度为 1g/mL 作为标准刻制标度的，因此在其他温度下的测量值仅是密度计读数，并不是该温度下的密度，故称为视密度。测定后，要用 GB/T 1885—1998《石油计量表》把修正后的密度计读数（视密度）换算成标准密度。

根据 GB/T 1884—2000 的规定，密度计如图 2-1a 所示，应符合 SH/T 0316—1998《石油密度计技术条件》和表 2-4 中给出的技术要求。按国际通行的方法，测定透明液体，先使眼睛稍低于液面的位置，慢慢地升到液面，先看到一个不正的椭圆，然后变成一条与密度计刻度相切的直线，如图 2-1b 所示，则以读取液体下弯月面（即液体主液面）与密度计干管相切的刻度作为检定标准。对不透明试样，使眼睛稍高于液面的位置观察，如图 2-1c 所示，要读取液体上弯月面（即弯月面上缘）与密度计干管相切的刻度。再按表 2-4 进行修正。

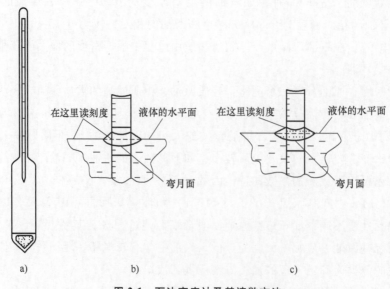

图 2-1 石油密度计及其读数方法

a）密度计 b）透明液体的读数方法 c）不透明液体的读数方法

表 2-4 密度计的技术要求

型号	单位	密度范围	每支单位	刻度间隔	最大刻度误差	弯月面修正值
SY-02	g/L (20℃)	600~1100	20	0.2	±0.2	+0.3
SY-05		600~1100	50	0.5	±0.3	+0.7
SY-10		600~1100	50	1.0	±0.6	+1.4
SY-02	g/mL (20℃)	0.600~1.100	0.02	0.0002	±0.0002	+0.0003
SY-05		0.600~1.100	0.05	0.0005	±0.0003	+0.0007
SY-10		0.600~1.100	0.05	0.0010	±0.0006	+0.0014

也可以使用 SY-1 型或 SY-2 型石油密度计，其最小分度值及测量范围见表 2-5。SY-1 型精度比较高，适用于油罐的计量；SY-2 型则适用于石油产品生产的控制与分析。无论何种试样，这两种密度计一律读取液体上弯月面（或称弯月面上缘）与密度计干管相切的刻度。

表 2-5 两种类型石油密度计的最小分度值及测量范围

型号	SY-1	SY-2
最小分度值/(g/mL)	0.0005	0.001
支号	测量范围/(g/mL)	
1	0.6500~0.6900	0.650~0.710
2	0.6900~0.7300	0.710~0.770
3	0.7300~0.7700	0.770~0.830
4	0.7700~0.8100	0.830~0.890
5	0.8100~0.8500	0.890~0.950
6	0.8500~0.8900	0.950~1.010
7	0.8900~0.9300	
8	0.9300~0.9700	
9	0.9700~1.0100	

密度计要用可溯源于国家标准的标准密度计或可溯源的标准物质密度进行定期检定，至少每年复检一次。密度计法简便、迅速，但准确度受最小分度值及测试人员的视力限制，不会太高。

2. 密度或相对密度测定法

密度或相对密度测定法测定石油和石油产品密度是按 GB/T 13377—2010《原油和液体或固体石油产品 密度或相对密度测定 毛细管塞比重瓶和带刻度双毛细管比重瓶法》中的试验方法进行的，该标准参照 ISO 3838：2004 重新起草。毛细管塞密度瓶是一种瓶颈上刻有标线及塞子上带有毛细管的瓶子，共有三个型号，如图 2-2 所示。

各种型号的容量及用途如下：盖-卢塞克密度瓶有 10mL、25mL、50mL 三个规格，它适用于除较黏稠液体外的不易挥发的液体（如润滑油）；防护帽密度瓶是由盖-卢塞克密度瓶配一磨口帽构成的，它适用于除黏稠和固体产品以外的所有试样，通常用于易挥发的试样

（如汽油），防护帽可以减少膨胀和挥发损失；广口密度瓶只有 25mL 一个规格，它适用于固体和较黏稠液体（如重油）。

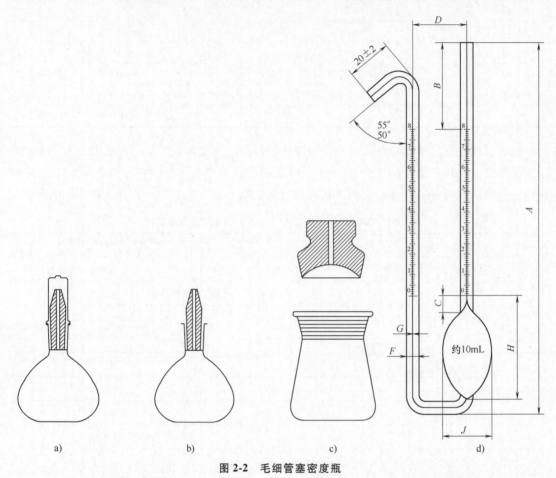

图 2-2　毛细管塞密度瓶

a）盖-卢塞克密度瓶　b）防护帽密度瓶　c）广口密度瓶　d）带刻度双毛细管密度瓶

带刻度双毛细管密度瓶（见图 2-2d）有 1mL、2mL、5mL 和 10mL 四种规格，它适用于测定高挥发性及试样量较少的液体密度。

毛细管塞密度瓶法的检测原理：通过比较相同体积的试样和水的质量来确定密度。把密度瓶充满液体至溢流，使其在试验温度下的水浴中达到平衡可确保等体积。计算中包括对玻璃热膨胀和空气浮力的修正。

带刻度双毛细管密度瓶法的检测原理：用水标定密度瓶的刻度臂，按密度瓶内水在空气中的表观质量与刻度值作图。液体试样吸入干燥的密度瓶中在试验温度达到平衡后，记录液面刻度数并称出密度瓶的质量。从图表中读出等体积水在空气中的表观质量，计算试释的密度和相对密度，同时按规定进行相应的修正。

各种密度瓶在使用时首先要测定其水值。在恒定 20℃ 的条件下，分别对装满纯水前后的密度瓶准确称量。注意瓶体保持清洁、干燥，后者与前者的质量之差称为密度瓶的水值。至少测定五次，取其平均值作为密度瓶的水值。

液体试样一般选择 25mL 和 50mL 的密度瓶，在恒定温度下注满试样，称其质量。当测定温度为 20℃ 时，密度及相对密度分别按式（2-5）和式（2-6）计算。

$$\rho_{20} = \frac{(m_{20}-m_0)\rho_c}{m_c-m_0} + C \tag{2-5}$$

$$d_4^{20} = \frac{\rho_{20}}{0.99820\text{g/mL}} \tag{2-6}$$

式中　　　ρ_{20}——20℃ 时试样的密度（g/mL）；

　　　　　ρ_c——20℃ 时纯水的密度（g/mL）；

　　　　　m_{20}——20℃ 时盛试样密度瓶在空气中的表观质量（g）；

　　　　　m_c——20℃ 时盛水密度瓶在空气中的表观质量（g）；

　　　　　m_0——空密度瓶在空气中的质量（g）；

　　　　　C——空气浮力修正值（kg/m³），见表 2-6；

　　　　　d_4^{20}——20℃ 时试样的相对密度；

　0.99820g/mL——20℃ 时水的密度。

如果是固体或半固体试样，应选用广口密度瓶，装入半瓶剪碎或熔化的试样后，置于干燥器中，冷却至 20℃ 时称其质量，然后往瓶中注满纯水，称其质量。则其密度可按式（2-7）计算。

$$\rho_{20} = \frac{(m_1-m_0)\rho_c}{(m_c-m_0)-(m_2-m_1)} + C \tag{2-7}$$

式中　m_1——20℃ 时盛固体或半固体试样的密度瓶在空气中的表观质量（g）；

　　　m_2——20℃ 时盛固体或半固体试样和水的密度瓶在空气中的表观质量（g）。

其他符号意义同前，相对密度仍按式（2-6）计算。

密度或相对密度测定法是以测量一定体积产品质量为基础的，称量用的分析天平的最小分度值（感量）仅为 0.1mg，测量温度也易控制，所以该方法是测量石油产品密度的最精确方法之一，应用比较广泛，缺点是测定时间较长。

表 2-6　空气浮力修正值

$\dfrac{m_{20}-m_0}{m_c-m_0}$	修正值 $C/(\text{kg/m}^3)$	$\dfrac{m_{20}-m_0}{m_c-m_0}$	修正值 $C/(\text{kg/m}^3)$
0.60	0.48	0.69	0.37
0.61	0.47	0.70	0.36
0.62	0.46	0.71	0.35
0.63	0.44	0.72	0.34
0.64	0.43	0.73	0.32
0.65	0.42	0.74	0.31
0.66	0.41	0.75	0.30
0.67	0.40	0.76	0.29
0.68	0.38	0.77	0.28

（续）

$\dfrac{m_{20}-m_0}{m_c-m_0}$	修正值 $C/(\text{kg/m}^3)$	$\dfrac{m_{20}-m_0}{m_c-m_0}$	修正值 $C/(\text{kg/m}^3)$
0.78	0.26	0.89	0.13
0.79	0.25	0.90	0.12
0.80	0.24	0.91	0.11
0.81	0.23	0.92	0.10
0.82	0.22	0.93	0.08
0.83	0.20	0.94	0.07
0.84	0.19	0.95	0.06
0.85	0.18	0.96	0.05
0.86	0.17	0.97	0.04
0.87	0.16	0.98	0.02
0.88	0.14	0.99	0.01

2.1.3 影响测定的主要因素

影响石油产品密度测定的因素主要是温度及体积的合理控制和正确测定，此外仪器的选用及不当操作都会影响测定的结果。

用密度计法测定密度时，在接近或等于标准温度20℃时最准确。在整个试验期间，若环境温度变化大于2℃，要使用恒温浴，以保证试验结束与开始的温度相差不超过0.5℃。测定温度前，必须搅拌试样，保证试样混合均匀，记录要准确到0.1℃。放开密度计时应轻轻转动一下，要有充分时间静止，让气泡升到表面，并用滤纸除去。塑料量筒易产生静电，妨碍密度计自由漂浮，使用时要用湿布擦拭量筒外壁，消除静电。根据试样和选用密度计的不同，要规范读数操作。

用密度或相对密度测定法测定密度时，要按规定方法对盛有试样的密度瓶水浴恒温20min，排出气泡盖好塞子，擦干外壁后再进行称量，以保证体积稳定。在所有的称量过程中，环境温差不应超过5℃，以控制空气密度的变化，使之获得最大的准确性。当测水值及固体和半固体试样时，为确保体积的稳定，要注入无空气水，试验中使用新煮沸并冷却至18℃左右的纯水。密度瓶的水值至少两年测定一次。对含水和机械杂质的试样，应除去水和机械杂质后再行测定，固体和半固体试样还需做剪碎或熔化等预处理。

2.2 黏度

2.2.1 测定黏度的意义

1. 黏度的表示方法

（1）动力黏度 动力黏度又称为绝对黏度，简称黏度，它是流体的理化性质之一，是衡量物质黏性大小的物理量。当流体在外力作用下运动时，相邻两层流体分子间存在的内摩擦力将阻滞流体的流动，这种特性称为流体的黏性。根据牛顿黏性定律［见式（2-8）］，可以阐明黏度的定义。

$$F = \mu S \frac{\mathrm{d}\nu}{\mathrm{d}x} \tag{2-8}$$

式中　F——相邻两层流体做相对运动时产生的内摩擦力（N）；

　　　μ——流体的黏滞系数，又称动力黏度，简称黏度（Pa·s）；

　　　S——相邻两层流体的接触面积（m^2）；

　　dν/dx——在与流动方向垂直方向上的流体速度变化率，称为速度梯度（s^{-1}）。

　　式（2-8）表明，相邻两层流体做相对运动时，其内摩擦力的大小与摩擦面积和速度梯度成正比。黏滞系数（μ）是与流体性质有关的常数，流体的黏性越大，μ值越大。因此，黏滞系数是衡量流体黏性大小的指标，称为动力黏度，简称黏度。其物理意义是：当两个面积为1m^2，垂直距离为1m的相邻流体层，以1m/s的速度做相对运动时所产生的内摩擦力。

　　符合牛顿黏性定律的流体称为牛顿流体。大多数石油产品在浊点温度以上都属于牛顿流体，均可由式（2-8）求取其黏度。当液体石油产品在低温下有蜡析出时，流体性能变差，则变为非牛顿流体。此外，润滑油中加入由高分子聚合物添加剂制成的稠化油、含沥青质较多的重质燃料（沥青质在石油产品中呈悬浮粒状存在）时，都转变为非牛顿流体。非牛顿流体在流动时不处于层流状态，不符合牛顿黏性定律，因此不能用式（2-8）求取黏度。

　　（2）运动黏度　某流体的动力黏度与该流体在同一温度和压力下的密度之比，称为该流体的运动黏度。

$$\nu_t = \frac{\mu_t}{\rho_t} \tag{2-9}$$

式中　ν_t——石油产品在温度t时的运动黏度（m^2/s）；

　　　μ_t——石油产品在温度t时的动力黏度（Pa·s）；

　　　ρ_t——石油产品在温度t时的密度（kg/m^3）。

　　实际生产中常用mm^2/s作为石油产品质量指标中的运动黏度单位，1m^2/s＝10^{6}mm^2/s。

　　（3）恩氏黏度　试样在规定温度下，从恩氏黏度计中流出200mL所需要的时间与该黏度计的水值之比称为恩氏黏度。其中水值是指20℃时从同一黏度计流出200mL蒸馏水所需的时间。恩氏黏度的单位为条件度，用符号^{0}E表示。

　　运动黏度与恩氏黏度可通过"运动黏度与恩氏黏度换算表"换算。更高的运动黏度需按式（2-10）换算。

$$E_t = 0.315\nu_t \tag{2-10}$$

式中　E_t——石油产品在温度t时的恩氏黏度（^{0}E）；

　　　ν_t——石油产品在温度t时的运动黏度（mm^2/s）。

　　此外，欧美各国还常用赛氏黏度和雷氏黏度等条件性黏度，它们都是用特定仪器在规定条件下测定的，也是计算一定体积的石油产品在温度t时通过规定尺寸管子所需要的时间，直接用时间（s）来表示黏度的大小，而不用比值，见表2-7。

表2-7　各种黏度计的使用范围

黏度计种类	主要采用国家和地区	测定范围(运动黏度)/(mm²/s)		使用温度范围/℃	
		最大	常用	最大	常用
运动黏度计/(mm²/s)	国际通用	1.2~15000	2~5000	-100~250	20~100
恩氏黏度计/⁰E	俄、德及部分欧洲国家	1.5~3000	6.0~300	0~150	20~100
赛氏(通用)黏度计/s	英、美等英制国家	1.5~500	2.0~350	0~100	37.8~98.9
赛氏(重油)黏度计/s	英、美等英制国家	50~5000	5~1200	25~100	37.8~98.9
雷氏1号黏度计/s	英、美等英制国家	1.5~6000	9.0~1400	25~120	25~100
雷氏2号黏度计/s	英、美等英制国家	50~2800	120~500	0~100	0~100

条件性黏度可以相对地衡量石油产品的流动性，但它不具有任何物理意义，只是一个公称值。各种表示方法之间可以用相应的"黏度换算图"换算，换算条件是温度必须相同。换算过程中难免出现误差，因此，若需要准确数据时还需用试验方法测定。

2. 影响石油产品黏度的因素

影响石油产品黏度的因素主要有石油产品的化学组成、温度、相对分子质量和压力等。

（1）化学组成　黏度是与流体性质有关的物性参数，它反映了液体内部分子间的摩擦力，因此它与流体的化学组成密切相关。通常，当碳原子数相同时，各种烃类黏度大小排列的顺序是：

正构烷烃<异构烷烃<芳香烃<环烷烃

且黏度随环数的增加及异构程度的增大而增大。在石油产品中，环上碳原子在油料分子中所占比越大，其黏度越大，表现在不同原油的相同馏分中，含环状烃多的石油产品（如K值较小的环烷基原油）比含烷烃多的石油产品（如K值较大的石蜡基原油）具有更高的黏度；在同类烃中，随着相对分子质量的增大，分子间引力也会增大，则黏度也增大，故石油馏分越重，其黏度越大（见表2-8）。

注意：原油的特性因数K值，是反应原油平均沸点的函数。相对密度越大，K值越小，烷烃的K值最大，约为12.5~13，环烷烃次之，为11~12，芳香烃的最小，为10~11。

表2-8　羊三木油田的原油（环烷基原油）一些馏分的运动黏度比较

序号	馏程/℃	ρ_{20}/(g/cm³)	ν_{50}/(mm²/s)
1	200~250	0.8630	1.71
2	250~300	0.8900	3.43
3	300~350	0.9100	7.87
4	350~400	0.9320	23.97
5	400~450	0.9433	146.29

（2）温度　温度对石油产品的黏度影响很大。温度升高，所有石油馏分的黏度都会减小，最终趋近一个极限值，各种石油产品的极限黏度都非常接近；反之，当温度降低时，石油产品的黏度都会增大。因此，测定石油产品黏度按规定要保持恒温，否则，哪怕是极小的

温度波动，也会使黏度测定结果产生较大的误差。黏度随温度的变化关系由经验式（2-11）确定。

$$\lg\lg(\nu_t+0.65) = A - B\lg T \tag{2-11}$$

式中　ν_t——石油产品在温度 t 时的运动黏度（mm^2/s）；

　　0.65——适用于我国石油产品的经验常数（国外常采用 0.8）；

　　A、B——随石油产品性质而定的经验常数；

　　T——石油产品的热力学温度（K）。

当已知两个温度下的石油产品黏度，分别代入式（2-11），即可求出常数 A 和 B，进而可以计算该石油产品在任意温度下的黏度。式（2-11）只适用于处在正常流动状态的液态石油产品，即石油产品的温度范围必须在其浊点至初馏点之间。

石油产品黏度随温度变化的性质，称为石油产品的黏温特性（或黏温性质），它是润滑油的一个重要质量指标。由于地区及气候条件的改变，润滑油的使用温度可能会发生很大变化，因而润滑油的黏度也将发生变化。如果黏度随温度变化的幅度过大，必将影响机械的正常运转。为正确评价石油产品的黏温性质，在生产和使用中常用黏度比（ν_{50}/ν_{100}）和黏度指数（VI）表示石油产品的黏温性质。

1）石油产品在两个不同温度下的黏度之比，称为黏度比。通常用 50℃ 和 100℃ 时的运动黏度比值（ν_{50}/ν_{100}）来表示。比值越小，则黏温性越好。这种表示法比较直观，但有一定的局限性，它只能表示石油产品在 50~100℃ 范围内的黏温特性，超出这个范围将无法反映。因此，也有用-20℃ 和 50℃ 的黏度比表示石油产品在低温下的黏温特性的，航空润滑油要求 ν_{-20}/ν_{70} 不大于 70。另外与黏度较小的轻质、中质润滑油相比，重质润滑油的黏度随温度变化的幅度大得多，故只有黏度相近的石油产品，才能用黏度比来评价其黏温特性的优劣，否则是没有意义的。

2）黏度指数（VI）是衡量石油产品黏度随温度变化的一个相对比较值。用黏度指数表示石油产品的黏温特性是国际通用的方法，目前我国已普遍采用这种方法。黏度指数越高，表示石油产品的黏温特性越好。

根据国际标准化组织（ISO）的具体要求，GB/T 1995—1998《石油产品黏度指数计算法》中规定，人为地选定两种油作为标准，其一为黏温性质很好的 H 油，黏度指数规定为 100；另一种为黏温性质差的 L 油，其黏度指数规定为 0。将这两种油分成若干窄馏分，分别测定各馏分在 100℃ 和 40℃ 时的运动黏度，然后在两种数据中，分别选出 100℃ 运动黏度相同的两个窄馏分组成一组，列成表格，详见 GB/T 1995—1998 或各类石油化工计算图表集，本书仅选部分数据列于表 2-9。

表 2-9　一些标准油的运动黏度数据

运动黏度（100℃）/（mm^2/s）	运动黏度（40℃）/（mm^2/s）		
	L	$D=L-H$	H
7.70	93.20	37.00	56.20
7.80	95.43	38.12	57.31
7.90	97.72	39.27	58.45

(续)

运动黏度(100℃)/(mm²/s)	运动黏度(40℃)/(mm²/s)		
	L	D = L−H	H
8.00	100.0	40.40	59.60
8.10	102.3	41.56	60.74
8.20	104.6	42.71	61.89
8.30	106.9	43.85	63.05
8.40	109.2	45.02	64.18
8.50	111.5	46.18	65.32
8.60	113.9	47.42	66.48
8.70	116.2	48.56	67.64
8.80	118.5	49.71	68.79
8.90	120.9	50.96	69.94
9.00	123.3	52.20	71.10
9.10	125.7	53.43	72.27
9.20	128.0	54.58	73.42
9.30	130.4	55.83	74.57
9.40	132.8	57.07	75.73
9.50	135.3	58.39	76.91

欲确定某一石油产品的黏度指数时，先测定其在 40℃ 和 100℃ 时的黏度，然后在表中找出 100℃ 时与试样黏度相同的标准组。

当试样的黏度指数 $VI<100$ 时，按式（2-12）计算黏度指数。

$$VI = \frac{L-U}{L-H} \times 100 = \frac{L-U}{D} \times 100 \qquad (2-12)$$

式中　VI——试样的黏度指数；

　　　　L——与试样在 100℃ 时的运动黏度相同，黏度指数为 0 的石油产品在 40℃ 时的运动黏度（mm²/s）；

　　　　H——与试样在 100℃ 时的运动黏度相同，黏度指数为 100 的石油产品在 40℃ 时的运动黏度（mm²/s）；

　　　　U——试样在 40℃ 时的运动黏度（mm²/s）。

若试样的运动黏度为 $2\text{mm}^2/\text{s}<\nu_{100}<70\text{mm}^2/\text{s}$，可直接查表 2-9 ［全部数据见 GB/T 1995—1988（已废止）或各类石油化工图表集］或采用内插法求得 L 和 D 值，再代入式（2-12）计算。

【例题 2-1】　已知某试样在 40℃ 和 100℃ 时的运动黏度分别为 73.30mm²/s 和 8.86mm²/s，求该试样的黏度指数。

解　由 100℃ 时的运动黏度 8.86mm²/s，查表 2-9 并用内插法计算得：

$$L = 118.5\text{mm}^2/\text{s} + \frac{8.86\text{mm}^2/\text{s} - 8.80\text{mm}^2/\text{s}}{8.90\text{mm}^2/\text{s} - 8.80\text{mm}^2/\text{s}} \times (120.9\text{mm}^2/\text{s} - 118.5\text{mm}^2/\text{s}) \approx 119.94\text{mm}^2/\text{s}$$

$$D = 49.71\,\text{mm}^2/\text{s} + \frac{8.86\,\text{mm}^2/\text{s} - 8.80\,\text{mm}^2/\text{s}}{8.90\,\text{mm}^2/\text{s} - 8.80\,\text{mm}^2/\text{s}} \times (50.96\,\text{mm}^2/\text{s} - 49.71\,\text{mm}^2/\text{s}) = 50.46\,\text{mm}^2/\text{s}$$

$$VI = \frac{L - U}{D} \times 100 = \frac{119.94\,\text{mm}^2/\text{s} - 73.30\,\text{mm}^2/\text{s}}{50.46\,\text{mm}^2/\text{s}} \times 100 = 92.43 \approx 92$$

黏度指数的计算结果要求用整数表示，如果计算值恰好在两个整数之间，应修约为最接近的偶数。例如，89.5 应报告为 90。

若试样的运动黏度 $\nu_{100} > 70\,\text{mm}^2/\text{s}$，则需用式 (2-13)、式 (2-14) 式 (2-15) 计算 L 和 D 或 H，再用式 (2-12) 计算黏度指数。

$$L = 0.8353\nu_{100}^2 + 14.67\nu_{100} - 216\,\text{mm}^2/\text{s} \tag{2-13}$$

$$D = 0.6669\nu_{100}^2 + 282\nu_{100} - 119\,\text{mm}^2/\text{s} \tag{2-14}$$

$$H = 0.1684\nu_{100}^2 + 11.85\nu_{100} - 97\,\text{mm}^2/\text{s} \tag{2-15}$$

式中　ν_{100}——试样在 100℃ 时的运动黏度（mm^2/s）。

当试样的运动黏度指数 $VI \geqslant 100$ 时，按式 (2-16) 和式 (2-17) 求算黏度指数。

$$VI = \frac{10^N - 1}{0.00715} + 100 \tag{2-16}$$

$$N = \frac{\lg H - \lg U}{\lg \nu_{100}} \tag{2-17}$$

式中　U——试样在 40℃ 时的运动黏度（mm^2/s）；

$\quad\quad\ H$——与试样在 100℃ 时的运动黏度相同，黏度指数为 100 的石油产品在 40℃ 时的运动黏度（mm^2/s）。

若试样的运动黏度为 $2\,\text{mm}^2/\text{s} < \nu_{100} < 70\,\text{mm}^2/\text{s}$，可由式 (2-16) 和式 (2-17) 直接进行计算。如果数据落在表 2-9 中所给两个数据之间，可采用内插法求得 H 值，再代入式 (2-16) 和式 (2-17) 计算。

【例题 2-2】 已知试样在 40℃ 和 100℃ 时的运动黏度分别为 $53.47\,\text{mm}^2/\text{s}$ 和 $7.80\,\text{mm}^2/\text{s}$，计算该试样的黏度指数。

解 已知 100℃ 运动黏度为 $7.80\,\text{mm}^2/\text{s}$，由表 2-9 查得 $H = 57.31\,\text{mm}^2/\text{s}$，代入式 (2-16) 和式 (2-17) 中。

$$VI = \frac{10^N - 1}{0.00715} + 100 = \frac{10^{0.03376} - 1}{0.00715} + 100 = 111.31$$

$$N = \frac{\lg H - \lg U}{\lg \nu_{100}} = \frac{\lg 57.31 - \lg 53.47}{\lg 7.8} = 0.03376$$

另外，还可以根据试样的 ν_{50} 和 ν_{100}，通过 GB/T 1995—1988（已废止）附录 A 中所给的黏度指数计算图直接查出黏度指数。该方法简便、快捷、比较准确。其应用范围是 $2.5\,\text{mm}^2/\text{s} < \nu_{100} < 65\,\text{mm}^2/\text{s}$，$40 < VI < 160$。

在使用黏度指数计算图时，应先根据试样在 100℃ 时运动黏度的大小选图，然后在图的横坐标和纵坐标上分别找出 50℃ 和 100℃ 运动黏度所对应的点，用直尺通过该点分别对横轴和纵轴作垂直线，两条直线的相交点所对应的黏度指数，即为所求。

3. 分析石油产品黏度的意义

（1）划分润滑油牌号　一些种类的润滑油产品是以石油产品的运动黏度值划分牌号的。例如，内燃机油、齿轮用油和液压系统用油等三大类润滑油及其他润滑油多用运动黏度来划分牌号，其中汽油机油、柴油机油按 GB/T 14906—2018《内燃机油黏度分类》划分牌号，工业齿轮油按 50℃运动黏度划分牌号，而普通液压油、机械油、压缩机油、冷冻机油和真空泵油均按 40℃运动黏度划分牌号。

（2）黏度是润滑油的主要质量指标　黏度对发动机的起动性能、磨损程度、功率损失和工作效率等都有直接的影响。只有选用黏度合适的润滑油，才能保证发动机具有稳定可靠的工作状况，达到最佳的工作效率，延长使用寿命。润滑油随黏度增大，其流动性能变差，使发动机功率降低，增大燃料消耗。过大的黏度甚至可能会造成起动困难。相反，黏度过小，则会降低油膜的支撑能力，使摩擦面之间不能保持连续的油膜，导致干摩擦从而造成发动机严重磨损，使用寿命降低。

（3）黏度是工艺计算的重要参数　在流体流动和输送的阻力计算中，需要根据雷诺准数判断流体类型，再行计算，而雷诺准数是一个与动力黏度有关的数群。

（4）根据润滑油黏度指导工业生产　润滑油是由基础油和多种添加剂调和而成的。根据润滑油的使用要求，在润滑油基础生产中，必须保证黏度和黏温特性这两个主要指标。从黏度方面看，润滑油的理想组分应是环状烃类；从黏温特性方面考虑，正构烷烃（VI 高）的黏温特性又远比环状烃（VI 低）强。因此，兼顾黏度和黏温特性，润滑油的理想组分是少环长侧链烃类，而黏度高且黏温特性差、抗氧化能力低及残炭值高的多环短侧链烃、胶质、沥青质及含氧、氮、硫化合物等的非理想组分，必须通过精制的手段除去。通过黏度的变化，可以判断润滑油的精制深度。一般来说，未精制馏分油的黏度>选择性溶剂精制（除去胶质、多环芳烃，但不能除去多环烷烃）后的馏分油黏度>经加氢补充精制或白土补充精制（除去胶质、沥青质、多环芳烃及多环烷烃）的馏分油黏度。

为保证成品润滑油的黏度符合要求，还需加入少量黏度大、黏温特性好的有机高分子聚合物（称为增黏剂或黏度添加剂、黏度指数改进剂）进行调和。

（5）黏度是润滑油、燃料油贮运输送的重要参数　当石油产品黏度随温度降低而增大时，会使输油泵的压力降增大，泵效下降，输送困难。一般在低温条件下，可采取加温预热降低黏度或提高泵压的办法，以保证石油产品的正常输送。

（6）黏度是喷气燃料的重要质量指标　黏度对喷气式发动机燃料的雾化、供油量和燃料泵润滑等有着重要的影响。燃料的黏度过大，喷射远，液滴大，雾化不良，燃烧不均匀、不完全会使发动机功率降低，同时燃烧不完全的气体进入燃气涡轮后继续燃烧，易烧坏涡轮叶片，缩短发动机的使用寿命。此外，黏度过大还会降低燃料的流动性，减少发动机的供油量。若燃料黏度过小，喷射近，燃烧区域宽而短，则易引起局部过热；由于喷气燃料本身又是燃料泵的润滑剂，燃料的黏度过低，还会增大泵的磨损。因此，在喷气式发动机燃料质量标准中规定了 20℃及-40℃（或-20℃）的运动黏度，它们分别对应燃料启动和正常飞行中的黏度。

（7）黏度是柴油的重要质量指标　黏度是保证柴油正常输送、雾化、燃烧及油泵润滑的重要质量指标。黏度过大，油泵效率降低，发动机的供油量减少，同时喷油嘴喷出的油射程远，油滴颗粒大，雾化状态不好，与空气混合不均匀，燃烧不完全，甚至会形成积炭。黏度过小，则影响油泵润滑，加剧磨损，而且喷油过近，会造成局部燃烧，同样会降低发动机功率。因此柴油质量标准中对黏度范围有明确的规定。

2.2.2 石油产品黏度测定方法

1. 运动黏度

液体石油产品运动黏度的测定按 GB/T 265—1988《石油产品运动黏度测定法和动力黏度计算法》中的试验方法进行，主要仪器是玻璃毛细管黏度计，该法适用于属于牛顿流体的液体石油产品。其原理是依据泊塞耳方程式：

$$\mu = \frac{\pi r^4 p\tau}{8VL} \tag{2-18}$$

式中 μ——试样的动力黏度（Pa·s）；

r——毛细管半径（m）；

L——毛细管长度（m）；

V——毛细管流出试样的体积（m^3）；

τ——试样的平均流动时间（多次测定结果的算术平均值）（s）；

p——使试样流动的压力（N/m^2）。

如果试样流动压力改用油柱静压力表示，即 $p = h\rho g$，再将动力黏度转换为运动黏度，则式（2-18）改写为

$$\nu = \frac{\mu}{\rho} = \frac{\pi r^4 h\rho g\tau}{8VL\rho} = \frac{\pi r^4 hg}{8VL}\tau \tag{2-19}$$

式中 ν——试样的运动黏度（m^2/s）；

h——液柱高度（m）；

g——重力加速度（m/s^2）。

对于指定的毛细管黏度计，其半径、长度和液柱高度都是定值，即 r、L、V、h、g 均为常数，因此式（2-19）可改写为：

$$\nu = C\tau \tag{2-20}$$

$$C = \frac{\pi r^4 hg}{8VL}$$

式中 C——毛细管黏度计常数（mm^2/s^2）。

其他符号意义与式（2-19）相同。

毛细管黏度计常数仅与黏度计的几何形状有关，而与测定温度无关。

式（2-20）表明液体的运动黏度与流过毛细管的时间成正比。因此，只要知道了毛细管黏度计常数，就可以根据液体流过毛细管的时间计算其黏度。当测定时，把被测试样装入直径合适的毛细管黏度计中，在恒定的温度下，测定一定体积的试样在重力作用下流过该毛细管黏度计的时间，黏度计的毛细管常数与流动时间的乘积即为该温度下试样的运动黏度。

由于石油产品的黏度与温度有关，所以式（2-20）可以改写为：

$$\nu_t = C\tau_t \qquad (2\text{-}21)$$

式中　ν_t——温度 t 时试样的运动黏度（mm^2/s）；

　　　τ_t——温度 t 时试样的平均流动时间（s）。

在 SH/T 0173—1992《玻璃毛细管黏度计技术条件》中规定，应用于石油产品黏度检测的毛细管黏度计分为四种型号，见表 2-10。在测定时，应根据试样黏度和试验温度选择合适的黏度计，务必满足试样流动时间不少于 200s，内径为 0.4mm 的黏度计流动时间不少于 350s。

图 2-3 所示为玻璃毛细管黏度计示意图。不同的毛细管黏度计，其常数 C 值不尽相同，其测定方法如下：用已知黏度的标准液体，在规定条件下测定其通过毛细管黏度计的时间，再根据式（2-21）计算出 C，在实测时，应注意选用的标准液体的黏度应与试样接近，以减少误差。通常，不同规格的黏度计出厂时，都给出 C 的标定值。

表 2-10　玻璃毛细管黏度计规格型号

型号	毛细管内径/mm
BMN-1	0.4,0.6,0.8,1.0,1.2,1.5,2.0,2.5,3.0,3.5,4.0
BMN-2	5.0,6.0
BMN-3	1.0,1.2,1.5,2.0,2.5,3.0,3.5,4.0
BMN-4	1.0,1.2,1.5,2.0,2.5,3.0

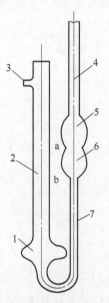

图 2-3　玻璃毛细管黏度计示意图

1、5、6—扩张部分　2、4—管身　3—支管　7—毛细管

2. 恩氏黏度

石油产品恩氏黏度的测定按 GB/T 266—1988《石油产品恩氏黏度测定法》中的试验方法

进行。恩氏黏度计如图 2-4 所示。

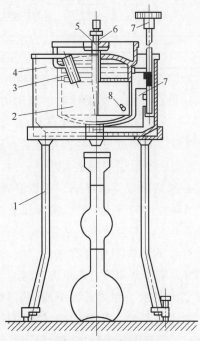

图 2-4 恩氏黏度计

1—铁三脚架 2—内容器 3—温度计插孔 4—外容器 5—木塞插孔 6—木塞 7—搅拌器 8—小尖钉

恩氏黏度是试样在某温度时，从恩氏黏度计流出 200mL 所需的时间与蒸馏水在 20℃ 时流出相同体积所需时间（即黏度计的水值）之比。测定时，试样呈连续的线状流出，温度 t 时的恩氏黏度用式（2-22）计算。

$$E_t = \frac{\tau_t}{K_{20}}$$ (2-22)

式中 E_t——试样在温度 t 时的恩氏黏度（^{0}E）；

τ_t——试样在温度 t 时，从黏度计流出 200mL 所需的时间（s）；

K_{20}——黏度计的水值（s）。

2.2.3 影响测定的主要因素

1. 影响运动黏度测定的因素

（1）温度的控制 石油产品黏度随温度变化很明显，为此规定温度必须严格保持稳定在所要求温度的 ±0.1℃ 以内，否则哪怕是极小的波动，也会使测定结果产生较大的误差。

为维持稳定的测定温度，试验时常使用恒温浴缸，要求其高度不小于 180mm，容积不小于 2L，设有自动搅拌装置和能够准确调温的电热装置（具体要求详见相应的检测标准）。

当测定试样在 0℃ 或低于 0℃ 时的运动黏度时，使用开有看窗的筒型透明保温瓶，其尺寸要求同上。

根据测定条件，要在恒温浴缸内注入表 2-11 中列举的一种液体。

表 2-11　不同测定温度下使用的恒温浴液体

测定温度/℃	恒温浴液体
50~100	透明矿物油①、丙三醇(甘油)或质量分数为 25%硝酸铵溶液
20~50	水
0~20	水与冰的混合物或乙醇与干冰(固体二氧化碳)的混合物
-50~0	乙醇与干冰的混合物(若没有乙醇,可用无铅汽油代替)

① 恒温浴缸中的矿物油最好加有抗氧化添加剂,以防止氧化,延长使用时间。

(2) 流动时间的控制　试样通过毛细管黏度计时的流动时间要控制在不少于 200s,内径为 0.4mm 的黏度计流动时间不少于 350s,以确保试样在毛细管中处于层流状态,符合式(2-21)的使用条件。试样通过的时间过短,易产生湍流,会使测定结果产生较大偏差;通过时间过长,不易保持温度恒定,也可引起测定偏差。

(3) 黏度计位置　黏度计必须调整成垂直状态,否则会改变液柱高度,引起静压差的变化,使测定结果出现偏差。当黏度计向前倾斜时,液面压差增大,流动时间缩短,测定结果偏低。当黏度计向其他方向倾斜时,都会使测定结果偏高。

(4) 气泡的产生　吸入黏度计的试样不允许有气泡,气泡不但会影响装油体积,而且进入毛细管后还能形成气塞,增大流体流动阻力,使流动时间增长,测定结果偏高。

(5) 试样的预处理　试样必须脱水、除去机械杂质。若试样含水,在较高温度下进行测定时会汽化;在低温下测定时则会凝结,均会影响试样的正常流动,使测定结果产生偏差。若存在杂质,杂质易粘附于毛细管内壁,增大流动阻力,使测定结果偏高。

2. 影响恩氏黏度测定的因素

(1) 仪器的保养　恩氏黏度计的各部件尺寸必须符合国家标准规定的要求,特别是流出管的尺寸规定非常严格,流出管及内容器的内表面已磨光和镀金,在使用时应注意减少磨损,不准擦拭,不要弄脏。当更换流出管时,要重新测定水值。符合标准的黏度计,其水值应等于 51±1s,按要求每 4 个月至少要校正 1 次。水值不符合规定,不允许使用。

(2) 流出时间的测量要准确　测定时动作要协调一致,提木塞和开动秒表要同时进行,木塞提起的位置应保持与测定水值相同(也不允许拔出)。当接收瓶中的试样恰好到 200mL 的标线时,立即停止计时,否则将引起测定误差。

(3) 黏度计水平状态　测定前,黏度计应调试成水平状态,稍微提起木塞,让多余的试样流出,直至内容器中的 3 个尖钉刚好同时露出液面为止。

(4) 试样的预处理　机械杂质易粘附于流出管内壁,增大流动阻力,使测定结果偏高。为此测定前要用规定的金属滤网过滤试样,若试样含水,应加入干燥剂,再过滤。此外装入的试样中不允许含气泡。

2.3　闪点、燃点和自燃点

2.3.1　石油产品闪点、燃点和自燃点及其测定意义

1. 基本概念

(1) 闪点　使用专门仪器在规定的条件下,将可燃性液体(如石油产品及烃类)加热,

其蒸气与空气形成的混合气与火焰接触，发生瞬间闪火的最低温度，称为闪点。闪点是评价石油产品蒸发倾向和安全性的指标。

闪火是微小爆炸，但并不是任何可燃气体与空气形成的混合气都能闪火爆炸，只有混合气中可燃性气体的体积分数达到一定数值时，遇火才能爆炸，过高或过低则空气或燃气不足，都不会发生爆炸。

（2）爆炸界限　当可燃性气体与空气混合时，遇火发生爆炸的体积分数范围，称为爆炸界限。在爆炸界限内，可燃气在混合气中的最低体积分数称为爆炸下限；最高体积分数称为爆炸上限。常见烃类及石油产品的爆炸界限见表 2-12。

石油产品的闪点就是指常压下，石油产品蒸气与空气混合达到爆炸下限或爆炸上限的油温。通常情况下，高沸点石油产品的闪点为其爆炸下限的石油产品温度。因为该温度下液体石油产品已有足够的饱和蒸气压，使其在空气中的含量恰好达到石油产品的爆炸下限，因此一遇明火会立即发生爆炸燃烧。由于在试验条件下石油产品用量很少，着火后瞬间可燃混合气即已烧尽，所以人们看到的只是短暂的火苗一闪。而低沸点石油产品，如汽油及易挥发的液态石油产品，在室温下的油气浓度已经大大超过其爆炸下限，其闪点一般是指爆炸上限的石油产品温度。若冷却以降低汽油的蒸气压，也可以测得爆炸下限所对应的闪火的温度。由于闪点是衡量石油产品在贮存、运输和使用过程中安全程度的指标，所以测定低沸点石油产品的爆炸下限温度没有实际意义。

表 2-12　一些烃类及石油产品的爆炸界限、闪点和自燃点

名称	爆炸下限/（%）	爆炸上限/（%）	闪点/℃	自燃点[①]/℃
甲烷	5.00	15.5	<-66.7	645
乙烷	3.22	12.45	<-66.7	515~530
丙烷	2.37	9.50	<-66.7	510
丁烷	1.86	8.41	<-60（闭口）	405~490
戊烷	1.04	7.80	<-40（闭口）	287~550
己烷	1.25	6.90	-22（闭口）	234~540
环己烷	1.30	7.80	—	200~520
苯	1.41	6.75		540~580
甲苯	1.27	6.75		536~550
乙烯	3.05	28.60	<-66.7	287~550
乙炔	2.50	80.00	<0	335
氢气	4.10	74.20		510
一氧化碳	12.5	74.2	—	610
石油干气	约3	13.0	—	650~750
汽油	1.0	6.0	-35	415~530
煤油	1.4	7.5	28~60	330~425
轻柴油	—	—	45~120	350~380
润滑油	—	—	130~340	300~380
减压渣油	—	—	>120	230~240

① 自燃点的测定值与测定方法有关，因此不同来源的数据差异很大。表中所列数据为各文献的综合结果。

（3）燃点　在测定石油产品开口杯闪点后继续提高温度，在规定条件下可燃混合气能被外部火焰点引燃，并连续燃烧不少于5s时的最低温度，称为燃点，通常称为开口杯法燃点。

（4）自燃点　将石油产品加热到很高的温度后，再使之与空气接触，无须引燃，石油产品即可因剧烈氧化而产生火焰自行燃烧，这就是石油产品的自燃现象，能发生自燃的最低油温，称为自燃点。

2. 石油产品闪点、燃点和自燃点与组成的关系

（1）与烃类组成的关系　通常情况下，烷烃比芳烃容易氧化，故含烷烃多的石油产品自燃点比较低，但其闪点却比黏度相同而含环烷烃和芳烃较多的石油产品高。在同类烃中，随相对分子质量增大，自燃点降低，闪点和燃点增高。

（2）与石油产品馏程的关系　石油产品的沸点越低，馏分越轻，相对分子质量越小，越易挥发，其闪点和燃点越低，反之则升高（见表2-12）。石油产品闪点和燃点的高低取决于低沸点烃类含量的多少，当有极少量轻油混入到高沸点石油产品中时，会引起闪点显著降低。例如，某润滑油中掺入1%的汽油，闪点可从200℃降至170℃。正是由于这一原因，原油的闪点是很低的，它和低闪点石油产品一起被列入易燃物品之中。

与燃点相反，石油产品的沸点越低，越不易自燃，其自燃点就越高；反之，自燃点越低（见表2-12）。

3. 测定闪点、燃点和自燃点的意义

1）判断石油产品馏分组成的轻重，指导石油产品生产。例如，精馏塔侧线产品闪点偏低，说明它与上部产品分割不清，混有轻组分，应及时加大侧线气提蒸气量，分离出轻组分。

2）鉴定石油产品发生火灾的危险性。闪点是有火灾出现的最低温度，闪点越低，燃料越易燃烧，火灾危险性也越大，在生产、贮运和使用中，更要注意防火、防爆。实际生产中石油产品的危险等级就是根据闪点来划分的，闪点在45℃以下的石油产品称为易燃品，闪点在45℃以上的石油产品称为可燃品。

3）评定润滑油质量。在润滑油的使用中，闪点具有重要的意义。例如，内燃机油都具有较高的闪点，使用时不易着火燃烧，如果发现石油产品的闪点显著降低，则说明润滑油已受到燃料的稀释，应及时检修发动机或换油；汽轮机油和变压器油在使用中，若发现闪点下降，则表明石油产品已变质，需要进行处理。

对于某些润滑油来说，规定同时测定开口杯和闭口杯闪点，以判断润滑油馏分的宽窄程度和是否掺入轻质组分。由于测定开口闪点时，油蒸气有损失，因而闪点比较高，通常，开口闪点要比闭口闪点高10~30℃。如果两者相差悬殊，则说明该石油产品蒸馏时有裂解现象或已混入轻质馏分，或溶剂脱蜡与溶剂精制时，溶剂分离不完全。

2.3.2　闪点、燃点测定方法

测定闪点的方法有GB/T 261—2021《闪点的测定 宾斯基-马丁闭口杯法》、GB/T 267—1988《石油产品闪点与燃点测定法（开口杯法）》和GB/T 3536—2008《石油产品闪点和燃点测定 克利夫兰开口杯法》三种标准试验方法。

1. 闭口杯法

GB/T 261—2021 是参照采用 ISO 2719：2016 试验方法制定的，该标准规定了用宾斯基-马丁闭口闪点试验测定可燃液体、带悬浮颗粒的液体、在试验条件下表面趋于成膜的液体和其他液体闪点的方法。该标准适用于闪点高于 40℃ 的样品。除了石油产品之外，该标准还适用于表面不成膜的清漆和油漆等化工产品闪点的测定。宾斯基-马丁闭口闪点试验仪和试验杯与试验杯盖的装配如图 2-5、图 2-6 所示。

在测定操作时，将试样装入油杯至环状刻线处，在规定的速率下连续搅拌，按要求控制恒定的升温速度，在规定温度间隔内用一小火焰进行点火试验，点火时必须中断搅拌，试样表面上蒸气闪火时的最低温度即为闭口杯法闪点。

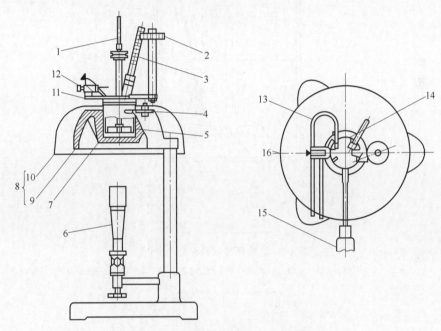

图 2-5　宾斯基-马丁闭口闪点试验仪

1—柔性轴　2—快门操作旋钮　3—温度计　4—片间最大距离 ϕ9.5mm　5—试验杯　6—加热装置　7—杯周金属
8—加热室　9—空气浴　10—顶板　11—盖子　12—点火器　13—导向器　14—快门　15—手柄　16—表面

2. 开口杯法

按 GB/T 267—1988 的规定，将试样装入内坩埚至规定的刻线处，迅速升高试样温度，然后缓慢升温，当接近闪点时，恒速升温。在规定的温度间隔，将点火器火焰按规定的方法通过试样表面。试样蒸气发生闪火的最低温度，即为开口杯法闪点。

继续进行试验，点燃后至少连续燃烧不少于 5s 时的最低温度，即为试样的燃点。开口杯法测定装置如图 2-7 所示。

3. 克利夫兰开口杯法

GB/T 3536—2008 克利夫兰开口杯法根据 ISO 2592：2000 重新起草，其测定方法与 GB/T 267—1988《石油产品闪点与燃点测定法（开口杯法）》大体相同，只是试验设备和试杯的尺寸有所不同（见图 2-8）。克利夫兰开口杯法不适于测定燃料油和开口闪点低于 79℃ 的石油产品。

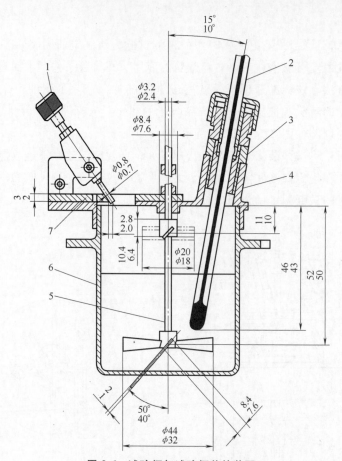

图 2-6　试验杯与试验杯盖的装配

1—点火器　2—温度计　3—温度计适配器　4—试验杯盖　5—搅拌器　6—试验杯　7—滑板

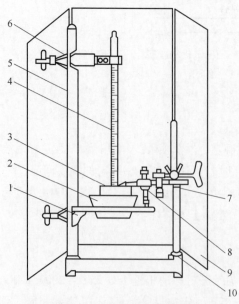

图 2-7　开口杯法测定装置

1—坩埚托　2—外坩埚　3—内坩埚　4—温度计　5—支柱　6—温度计夹　7—点火器支柱　8—点火器　9—屏风　10—底座

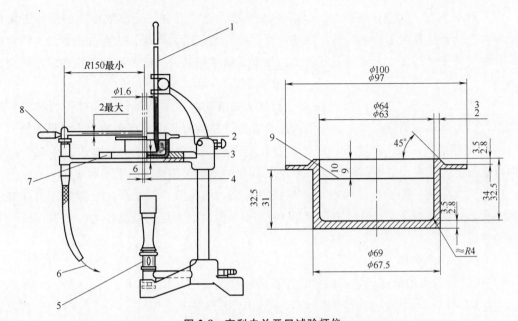

图 2-8　克利夫兰开口试验杯仪

1—温度计　2—试验杯　3—加热板　4—ϕ0.8mm 孔　5—加热器

6—气源　7—金属比较小球　8—点火器　9—装样刻线

闪点的测定之所以要分为闭口杯法和开口杯法，主要决定于石油产品的性质和使用条件。闭口杯法多用于轻质石油产品，如溶剂油、煤油等，由于测定条件与轻质石油产品实际贮存和使用条件相似，可以作为防火安全控制指标的依据。对于多数润滑油及重质油，尤其是在非密闭机件或温度不高的条件下使用的润滑油，它们含轻组分较少，即便有极少的轻组分混入，也将在使用过程中挥发掉，不会造成着火或爆炸的危险，所以这类石油产品采用开口杯法测定闪点。在某些润滑油的规格中，规定了开口杯闪点和闭口杯闪点两种质量指标，其目的是用两者之差去检查润滑油馏分的宽窄程度及有无掺入轻质石油产品成分。有些润滑油在密闭容器内使用，由于种种原因（如高速或其他原因引起设备过热，发生电流短路、电弧作用等）而产生高温，会使润滑油发生分解，或从其他部件掺进轻质石油产品成分，这些轻组分在密闭器内蒸发聚集并与空气混合后，有着火或爆炸的危险。若只用开口杯法测定，不易发现轻油成分的存在，所以还要用闭口杯法进行测定。属于这类石油产品的有电器用油、高速机械油及某些航空润滑油等。

2.3.3　影响测定的主要因素

（1）试样含水量　试样含水时必须进行脱水，方可进行闪点测定。闭口杯闪点测定法规定试样含水质量分数不大于 0.05%，开口杯闪点测定法规定试样含水质量分数不大于 0.1%，否则，必须脱水。当含水试样加热时，分散在油中的水会汽化形成水蒸气，有时形成气泡覆盖于液面上，影响石油产品的正常汽化，推迟闪火时间，使测定结果偏高。水分较多的重油，当用开口杯法测定闪点时，由于水的汽化，在加热到一定温度时，试样易溢出油杯，使试验无法进行。

（2）加热速度　加热速度过快，试样蒸发迅速，会使混合气局部浓度达到爆炸下限而提前闪火，从而导致测定结果偏低；加热速度过慢，测定时间将延长，点火次数增多，消耗了部分油气，使到达爆炸下限的温度升高，使测定结果偏高。因此，必须严格按标准控制加热速度。

（3）点火的控制　点火用的火焰大小、与试样液面的距离及停留时间都应按国家标准规定执行。若球形火焰直径偏大，与液面距离较近，停留时间过长都会使测定结果偏低。

（4）试样的装入量　按要求杯中试样要装至环形刻线处，装入量过多或过少都会改变液面以上的空间高度，进而影响油蒸气和空气混合的浓度，使测定结果不准确。

（5）大气压力　石油产品闪点与外界压力有关。气压低，石油产品易挥发，闪点有所降低；反之，闪点则升高。标准中规定以 101.3kPa 为闪点测定的基准压力。若有偏离，需作压力修正。

（6）观察闪点的修正

1）闭口杯闪点的修正。将观察闪点修正到标准大气压（101.3kPa）T_C（℃）

$$T_C = T_0 + 0.25 \times [(101.3kPa) - P] \tag{2-23}$$

式中　T_0——环境大气压下的观察闪点（℃）；

　　　P——环境大气压（kPa）。

注意：本公式仅限大气压在 98.0~104.7kPa 范围内。

2）开口杯闪点的修正。当大气压力低于 99.3kPa（745mmHg）时，GB/T 267—1988《石油产品闪点与燃点测定法（开口杯法）》规定开口杯闪点和燃点可用式（2-24）进行修正。

$$t_0 = t + \Delta t \tag{2-24}$$

式中　t_0——相当于基准压力（101.3kPa）时的闪点或燃点（℃）；

　　　t——实测闪点或燃点（℃）；

　　　Δt——闪点修正值（℃）。

其中，实际大气压力在 72.0~101.3kPa（540~760mmHg）范围内时，闪点修正值可按式（2-25）计算。

$$\Delta t = (7.5k/Pa) \times [0.00015t + (0.028℃)][(101.3kPa) - p] \tag{2-25}$$

式中　p——实际大气压力（kPa）；

　　　t——实测闪点或燃点（℃）；

　7.5k/Pa——大气压力单位换算系数；

0.00015、0.028——试验常数。

3）克利夫兰开口杯闪点的修正。对于 GB/T 3536—2008《石油产品闪点和燃点测定　克利夫兰开口杯法》测得的闪点和燃点，按式（2-26）计算。

将观察闪点修正到标准大气压（101.3kPa）T_C（℃）

$$T_C = T_0 + 0.25 \times [(101.3kPa) - P] \tag{2-26}$$

式中　T_0——环境大气压下的观察闪点（℃）；

　　　P——环境大气压（kPa）。

注意：本公式仅限大气压在 98.0~104.7kPa 范围内。

2.4　残炭

2.4.1　残炭及其测定意义

1. 残炭

石油产品在规定的仪器中隔绝空气加热，使其蒸发、裂解和缩合所形成的残留物，称为残炭。残炭用残留物占石油产品的质量分数表示。残炭是评价石油产品在高温条件下生成焦炭倾向的指标。

不加添加剂的润滑油，其残炭为鳞片状，且有光泽；若加入添加剂，其残炭呈钢灰色，质地较硬，难以从坩埚壁上脱落。因此对含添加剂高的润滑油只要求测定基础油的残炭，而不控制成品油的残炭值。

2. 残炭与组成的关系

1）残炭与石油产品中的非烃类、不饱和烷烃及多环芳烃化合物的含量有关。残炭主要是由石油产品中胶质、沥青质、不饱和烷烃及多环芳烃所形成的缩聚产物，而烷烃仅分解，不参加聚合，所以不会形成残炭。因此，石油产品中含氮、硫、氧的化合物、胶质、沥青质及多环芳烃多的、密度大的重质燃料油，残炭值较高；裂化、焦化产品的残炭值高于直馏产品。

2）残炭与石油产品的灰分多少有关。灰分主要是石油产品中环烷酸盐类等燃烧后所得的不燃物。它们与残炭混在一起，可使测定结果偏高。一般含有添加剂的石油产品灰分较多，其残炭值增加较大。

3. 测定残炭的意义

1）残炭是石油产品中胶状物质和不稳定化合物的间接指标。例如，在催化裂化生产中，残炭值是判断原料优劣的重要参数，残炭值过高，说明原料含胶质、沥青质较多，易造成生产中焦炭产量过高，不仅破坏了装置的热平衡，而且还降低了催化剂的活性，影响装置正常生产及操作。

2）预测焦炭产量。根据原料的残炭值，能预测延迟焦化工艺过程的焦炭产量。残炭值越大，目的产物焦炭的产量越高，对生产越有利。

3）判断润滑油及柴油的精制深度。一般精制深的石油产品，残炭值小。柴油的残炭指的是10%蒸余物残炭，即对轻柴油和车用柴油试样先按 GB/T 6536—2010《石油产品常压蒸馏特性测定法》对 200mL 试样进行蒸馏，收集 10% 残余物作为试样；也可用 GB/T 255—1977《石油产品蒸馏测定法》获取 10% 残余物，由于该法采用 100mL 蒸馏烧瓶，因此需进行不少于两次的蒸馏，收集 10% 残余物作为试样，再作康氏法残炭测定。这主要是由于柴油馏分轻，直接测定残炭值很低，误差较大，故规定测 10% 蒸余物残炭。残炭值大的柴油在使用中会在气缸内形成积炭，导致散热不良，机件磨损加剧，从而缩短发动机的使用寿命。

2.4.2 残炭测定方法

1. 康氏法残炭

康氏法残炭是按 GB/T 268—1987《石油产品残炭测定法（康氏法）》中的试验方法进行的。该方法参照采用了国际标准 ISO 6615-83，是国际普遍应用的一种标准试验方法，我国石油产品多采用康氏残炭指标。康氏法残炭一般用于常压蒸馏时易分解、相对不易挥发的石油产品，其测定器如图 2-9 所示。

在测定时，用已恒重的瓷坩埚按规定称取试样，将盛有试样的瓷坩埚放入内铁坩埚中，再将内铁坩埚放在外铁坩埚内（内外铁坩埚之间装有细砂），然后再将全套坩埚放在镍铬丝三脚架上，使外铁坩埚置于遮焰体中心，用圆铁罩罩好。强火焰的煤气喷灯加热，使试样蒸发、燃烧，生成残留物，冷却 40min 后称量，计算残炭占试样的质量分数，即为康氏法残炭值。

加热过程分预热期、燃烧期和强热期三个阶段，在测定时，一定要严格执行标准，以确保测定结果的有效性。

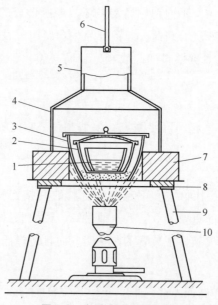

图 2-9 康氏法残炭测定器

1—矮型瓷坩埚 2—内铁坩埚 3—外铁坩埚 4—圆铁罩 5—烟罩 6—火桥
7—遮焰体 8—镍铬丝三脚架 9—铁三脚架 10—喷灯

2. 电炉法残炭

电炉法残炭按 SH/T 0170—1992（2000）《石油产品残炭测定法（电炉法）》中的试验方法进行。该方法适用于润滑油、重质燃料油或其他石油产品。如图 2-10 所示，其与康氏法的主要区别是用电炉作热源。

在测定前，先将符合规定的瓷坩埚放入 800℃±20℃ 的高温炉中煅烧 1h，冷却后准确称量。接通电源，使残炭测定器电炉的温度恒定在 520℃±5℃ 范围内。在上述称量过的坩埚中加入规定量的试样，放入电炉的空穴中，盖上坩埚盖。当试样在炉中加热至开始从坩埚盖的毛细管中逸出油蒸气时，立即点燃，燃烧结束后，继续维持炉温在 520℃±5℃，煅烧残留物。从试样加热至残留物煅烧结束共需 30min。然后从电炉中取出坩埚，冷却 40min 后称量，计算质量分数，即为电炉法残炭值。

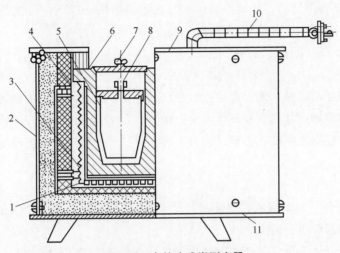

图 2-10　电炉法残炭测定器

1—电热丝（300W）　2—壳体　3—电热丝（600W）　4—电热丝（1000W）　5—瓷坩埚

6—钢浴　7—钢浴盖　8—坩埚盖　9—加热炉盖　10—热电耦　11—加热炉底

与康氏法相比，电炉法测残炭操作简便，容易掌握。因此，多用于生产控制中，只有在产品出厂和仲裁试验时才采用康氏法或兰氏法测定。

3. 兰氏法残炭

兰氏法残炭按 SH/T 0160—1992《石油产品残炭测定法（兰氏法）》中的试验方法进行。该标准参照采用国际标准 ISO 4262—78，也是国际普遍应用的一种标准试验方法，一般适用于在常压蒸馏时部分分解的、不易挥发的石油产品，对一些不容易装入兰氏焦化瓶的重质残渣燃料油、焦化原料等油料，宜采用康氏法测定残炭。该法与康氏法没有精确的关联关系，评定石油产品时应引起注意。

当用兰氏法测定残炭时，将适量的试样装入已恒重的带有毛细管的玻璃焦化瓶中，再准确称量，计算出试样质量，然后放入温度恒定在 550℃±5℃的金属炉内。试样被迅速加热、蒸发、分解、焦化。当试样放入炉内 20min±2min 时，将焦化瓶从炉内转移至规定的干燥器内冷却，并再次称量，计算残余的质量分数，即为兰氏法残炭值。

2.5　试验

2.5.1　石油和液体石油产品密度测定（密度计法）（GB/T 1884—2000）

1. 试验目的

1）理解密度计法测定石油产品密度的原理和方法。

2）掌握密度计法测定石油产品密度的操作技能。

2. 仪器与试剂

（1）仪器　密度计（符合 SH/T 0316—1998 和表 2-4 给出的技术要求）；量筒（250mL，2 支）；温度计（-1~38℃，最小分度值为 0.1℃，1 支；-20~102℃，最小分度值为 0.2℃，1 支）；恒温浴（能容纳量筒，使试样完全浸没在恒温浴液面以下，可控制试验温度变化在±0.25℃以内）；移液管（25mL，1 支）。

（2）试剂　煤油、柴油、汽油机油。

3. 方法概要

将处于规定温度的试样，倒入温度大致相同的量筒中，放入合适的密度计，静止，当温度达到平衡后，读取密度计读数和试样温度。用 GB/T 1885—1998《石油计量表》把观察到的密度计读数换算成标准密度。必要时，可以将盛有试样的量筒放在恒温浴中，以避免测定期间温度变化过大。

4. 试验步骤

（1）试样的准备　对黏稠或含蜡的试样，要先加热到能够充分流动的温度，保证既无蜡析出，又不致引起轻组分损失。

注意：①用密度计法测定密度时，在接近或等于标准温度 20℃ 时最准确；②当密度值用于散装石油计量时，需在接近散装石油温度 3℃ 以内测定密度，这样可以减少石油体积修正误差。

将调好温度的试样小心地沿管壁倾入到洁净的量筒中，注入量为量筒容积的 70% 左右。若试样表面有气泡聚集时，要用清洁的滤纸除去气泡。将盛有试样的量筒放在没有空气流动并保持平稳的实验台上。

注意：在整个试验期间，若环境温度变化大于 2℃ 时，要使用恒温浴，以避免测定温度变化过大。

（2）测量密度范围　将干燥、清洁的密度计小心地放入搅拌均匀的试样中。密度计底部与量筒底部的间距至少保持 25mm，否则应向量筒注入试样或用移液管吸出适量试样。

（3）测定试样密度　选择合适的密度计慢慢地放入试样中，在达到平衡时，轻轻转动一下，放开，使其离开量筒壁，自由漂浮至静止状态。对不透明黏稠试样，按图 2-1c 所示方法读数。对透明低黏度试样，要将密度计再压入液体中约两个刻度，放开，待其稳定后按图 2-1b 所示方法读数。记录读数后，立即小心地取出密度计，并用温度计垂直地搅拌试样，记录温度，准确到 0.1℃。若与开始试验温度相差大于 0.5℃，应重新读取密度和温度，直到温度变化稳定在 0.5℃ 以内。如果不能得到稳定温度，把盛有试样的量筒放在恒温浴中，再按步骤（3）重新操作。记录连续两次测定的温度和视密度。

注意：密度计是易损的玻璃制品，使用时要轻拿轻放，要用脱脂棉或其他质软的物品擦拭，在取出和放入时可用手拿密度计的上部，清洗时应拿其下部，以防折断。

（4）密度修正与换算　由于密度计读数是按读取液体下弯月面作为检定标准的，所以对不透明试样，需按表 2-4 加以修正（SY-Ⅰ型或 SY-Ⅱ型石油密度计除外），记录到 0.1kg/m³（0.0001g/cm³）。根据不同的石油产品试样，用 GB/T 1885—1998《石油计量表》把修正后的密度计读数换算成标准密度。

5. 精密度

（1）重复性　在温度范围为-2~24.5℃时，同一操作者用同一仪器在恒定的操作条件下，对同一试样重复测定两次，结果之差要求如下：透明低黏度试样，不应超过 0.0005g/cm³；不透明试样，不应超过 0.0006g/cm³。

（2）再现性　在温度范围为-2~24.5℃时，由不同实验室提出的两个结果之差要求如下：透明低黏度试样，不应超过 0.0012g/cm³；不透明试样，不应超过 0.0015g/cm³。

6. 报告

取重复测定两次结果的算术平均值，作为试样密度。最终结果报告到 0.0001g/cm³（0.1kg/m³），20℃。

2.5.2 石油产品运动黏度的测定（GB/T 265—1988）

1. 试验目的

1）掌握石油产品运动黏度的测定方法和操作技能。

2）掌握石油产品运动黏度测定结果的计算方法。

2. 仪器与试剂

（1）仪器　常用规格玻璃毛细管黏度计一组（毛细管内径为 0.8mm、1.0mm、1.2mm、1.5mm 等；当测定试样的运动黏度时，应根据试验的温度选用适当的黏度计，使试样的流动不少于 200s）；恒温浴缸（在不同温度下使用的恒温浴液体见表 2-11）；玻璃水银温度计（38~42℃，1 支；98~100℃，1 支，符合 GB/T 514—2005《石油产品试验用玻璃液体温度计技术条件》）；秒表（分度 0.1s，1 块）。

（2）试剂　溶剂油或石油醚（60~90℃，化学纯）；铬酸洗液；95%乙醇（化学纯）；试样（轻柴油、汽油机油或柴油机油）。

3. 方法概要

在某一恒定的温度下，测定一定体积的试样在重力下流过一个经过标定的玻璃毛细管黏度计的时间，黏度计的毛细管常数与流动时间的乘积，即为该温度下测定液体的运动黏度。

4. 准备工作

（1）试样预处理　当试样含有水或机械杂质时，在试验前必须经过脱水处理，用滤纸过滤除去机械杂质。

对于黏度较大的润滑油，可以用瓷漏斗，利用水流泵或其他真空泵进行抽滤，也可以在加热至 50~100℃的温度下进行脱水过滤。

（2）清洗黏度计　在测定试样黏度之前，必须将黏度计用溶剂油或石油醚洗涤，如果黏度计沾有污垢，用铬酸洗液、水、蒸馏水或 95%乙醇依次洗涤。然后放入烘箱中烘干或用经过棉花滤过的热空气吹干。

（3）装入试样　在测定运动黏度时，选择内径符合要求的清洁、干燥毛细管黏度计（如图 2-3 所示），吸入试样。在装试样之前，将橡皮管套在支管 3 上，并用手指堵住管身 2 的管口，同时倒置黏度计，将管身 4 插入装着试样的容器中，利用橡皮球（或水流泵及其他真空泵）将试样吸到标线 b，同时注意不要使管身 4、扩张部分 5 和 6 中的试样产生气泡和裂隙。当液面达到标线 b 时，从容器中提出黏度计，并迅速恢复至正常状态，同时将管身 4 的管端外壁所沾着的多余试样擦去，并从支管 3 取下橡皮管套在管身 4 上。

（4）安装仪器　将装有试样的黏度计浸入事先准备妥当的恒温浴中（即预先恒温到指定温度），并用夹子将黏度计固定在支架上，在固定位置时，必须把毛细管黏度计的扩张部分 5 浸入一半。

温度计要利用另一个夹子固定，使水银球的位置接近毛细管中央点的水平面，并使温度计上要测温的刻度位于恒温浴的液面上 10mm 处。

注意：使用全浸式温度计时，如果它的测温刻度露出恒温浴液面，需按式（2-27）进行校正，才能准确量出液体的温度。

$$t = t_1 - \Delta t \tag{2-27}$$

$$\Delta t = kh(t_1 - t_2)$$

式中　t——经校正后的测定温度（℃）；

$\quad\quad t_1$——测定黏度时的规定温度（℃）；

$\quad\quad t_2$——接近温度计液柱露出部分的空气温度（℃）；

$\quad\quad \Delta t$——温度计液柱露出部分的校正值（℃）；

$\quad\quad k$——常数，水银温度计采用 $k = 0.00016$；酒精温度计采用 $k = 0.001$；

$\quad\quad h$——露出浴面上的水银柱或酒精柱高度，用温度计的度数表示（℃）。

5. 试验步骤

（1）调整温度计/黏度计位置　将黏度计调整为垂直状态，要利用铅垂线从两个相互垂直的方向去检查毛细管的垂直情况。将恒温浴调整到规定温度，把装好试样的黏度计浸入恒温浴内，按表 2-13 规定的时间恒温。试验温度必须保持恒定，波动范围不允许超过 ±0.1℃。

表 2-13　黏度计在恒温浴中的恒温时间

试验温度/℃	恒温时间/min	试验温度/℃	恒温时间/min
80~100	20	20	10
40~50	15	-50~0	15

（2）调试试样液面位置　利用毛细管黏度计管身 4 所套的橡皮管将试样吸入扩张部分 6 中，使试样液面高于标线 a。

注意：不要让毛细管和扩张部分 6 中的试样产生气泡或裂隙。

（3）测定试样流动时间　观察试样在管身中的流动情况，液面恰好到达标线 a 时，开动秒表；液面正好流到标线 b 时，停止计时，记录流动时间。应重复测定，至少 4 次。按测定温度不同，每次流动时间与算术平均值的差值应符合表 2-14 的要求。最后，用不少于 3 次测定的流动时间计算算术平均值，作为试样的平均流动时间。

表 2-14　不同温度下，允许单次测定流动时间与算术平均值的相对误差

测定温度范围/℃	允许相对测定误差/(%)
<-30	2.5
-30~15	1.5
15~100	0.5

6. 计算

在温度为 t 时，试样的运动黏度按式（2-21）计算。

【例题 2-3】 某黏度计常数为 $0.4780\text{mm}^2/\text{s}^2$，在 50℃，试样的流动时间分别为 318.0s、322.4s、322.6s 和 321.0s，试报告试样运动黏度的测定结果。

解 流动时间的算术平均值为：

$$\tau_{50} = \frac{318.0\text{s}+322.4\text{s}+322.6\text{s}+321.0\text{s}}{4} = 321.0\text{s}$$

由表 2-14 查得，允许相对测定误差为 0.5%，即单次测定流动时间与平均流动时间的允许差值为 321.0s×0.5% = 1.6s。

由于只有 318.0s 与平均流动时间之差已超过 1.6s，因此将该值弃去。平均流动时间为：

$$\tau_{50} = \frac{322.4\text{s}+322.6\text{s}+321.0\text{s}}{3} = 322.0\text{s}$$

则应报告试样运动黏度的测定结果为：

$$\nu_{50} = C\tau_{50} = 0.4780\text{mm}^2/\text{s}^2 \times 322.0\text{s} \approx 154.0\text{mm}^2/\text{s}$$

7. 精密度

用下述规定来判断结果的可靠性（置信水平为 95%）。

（1）重复性　同一操作者重复测定两个结果之差，不应超过表 2-15 所列数值。

（2）再现性　当黏度测定温度范围为 15~100℃ 时，由两个实验室提出的结果之差，不应超过算术平均值的 2.2%。

表 2-15　不同测定温度下，运动黏度测定重复性要求

黏度测定温度/℃	重复性/(%)
-60~-30	算术平均值的 5.0
-30~15	算术平均值的 3.0
15~100	算术平均值的 1.0

8. 报告

（1）有效数字　黏度测定结果的数值，取四位有效数字。

（2）测定结果　取重复测定两个结果的算术平均值，作为试样的运动黏度。

2.5.3　石油产品闪点的测定（GB/T 261—2021）

1. 试验目的

1）掌握闭口杯法闪点的测定方法和有关计算。

2）掌握闭口闪点测定器的使用性能和操作方法。

2. 仪器与试剂

（1）仪器 宾斯基-马丁闭口闪点试验仪（见图 2-5 和图 2-6）；温度计（包括低、中、高三个温度范围，符合 GB/T 261—2021 中附录 C 规定）；加热浴或烘箱（控温在±5℃之内）；气压计：精度 0.1kPa。

（2）试剂 清洗溶剂；校准液。

3. 方法概要

将样品倒入试验杯中，在规定的速率下连续搅拌，并以恒定速率加热样品。以规定的温度间隔，在中断搅拌的情况下，将火源引入试验杯开口处，使样品蒸气发生瞬间闪火，且蔓延至液体表面的最低温度，此温度为环境大气压下的闪点，再用公式修正到标准大气压下的闪点。

4. 准备工作

（1）仪器准备

1）仪器的放置：仪器应安装在无空气流的房间内，并放置在平稳的台面上。试验杯的清洗，先用清洗溶剂冲洗试验杯、试验杯盖及其他附件，以除去上次试验留下的所有胶质或残渣痕迹。再用清洁的空气吹干试验杯，以确保除去所用溶剂。

2）仪器组装：检查试验杯试验杯盖及其附件，确保无损坏和无样品沉积。然后按照标准中附录 B 组装好仪器。

（2）仪器校验 用有证标准样品（CRM）按照下文步骤 A 每年至少校验仪器一次。所得结果与 CRM 给定值之差应小于或等于 $R/2$，其中 R 是本标准的再现性。推荐使用工作参比样品（SWS）对仪器进行经常性的校验。使用 CRM 和 SWS 校验仪器的推荐步骤，以及得到 SWS 的方法参见标准中附录 A。校验试验所得的结果不能作为方法的偏差，也不能用于后续闪点测定结果的修正。

5. 试验步骤

该标准的试验步骤对不同类型的样品按步骤 A 和步骤 B 分别进行了说明，且对升温速率和搅拌转速都做了明确规定；该标准规定试样的观察闪点与最初点火温度的差值应在 18~28℃范围内；该标准增加了自动仪器的使用，但规定仲裁试验以手动试验结果为准。

（1）通则 含水较多的残渣燃料油试样应小心操作，因为加热后此类试样会起泡并从试验杯中溢出。

注意：试样的体积应大于容器容积的 50%，否则会影响闪点的测定结果。

（2）步骤 A

1）观察气压计，记录试验期间仪器附近的环境大气压。

2）将试样倒入试验杯至加料线，盖上试验杯盖，然后放入加热室，确保试验杯就位或锁定装置连接好后插入温度计。点燃试验火源，并将火焰直径调节为 3~4mm；或打开电子点火器，按仪器说明书的要求调节电子点火器的强度。在整个试验期间，试样以 5~6℃/min 的速率升温，且搅拌速率为 90~120r/min。

3）当试样的预期闪点为不高于 110℃时，从预期闪点以下 23℃±5℃ 开始点火，试样每升高 1℃点火一次，点火时停止搅拌。用试验杯盖上的滑板操作旋钮或点火装置点火，要求火焰在 0.5s 内下降至试验杯的蒸气空间内，并在此位置停留 1s 然后迅速升高回至原位置。

4）当试样的预期闪点高于 110℃时，从预期闪点以下 23℃±5℃开始点火，试样每升高 2℃点火一次，点火时停止搅拌。用试验杯盖上的滑板操作旋钮或点火装置点火，要求火焰在 0.5s 内下降至试验杯的蒸气空间内，并在此位置停留 1s，然后迅速升高回至原位置。

5）当测定未知试样的闪点时，在适当起始温度下开始试验。高于起始温度 5℃时进行第一次点火，然后按 3）或 4）进行。

6）记录火源引起试验杯内产生明显着火的温度，作为试样的观察闪点，但不要把在真实闪点到达之前，出现在试验火焰周围的蓝色光轮与真实闪点相混淆。

7）如果所记录的观察闪点温度与最初点火温度的差值少于 18℃或高于 28℃，则认为此结果无效。应更换新试样重新进行试验，调整最初点火温度，直到获得有效的测定结果，即观察闪点与最初点火温度的差值应在 18～28℃范围内。

（3）步骤 B

1）观察气压计，记录试验期间仪器附近的环境大气压。

2）将试样倒入试验杯至加料线，盖上试验杯盖，然后放入加热室，确保试验杯就位或锁定装置连接好后插入温度计。点燃试验火焰，并将火焰直径调节为 3～4mm；或打开电子点火器，按仪器说明书的要求调节电子点火器的强度。在整个试验期间，试样以 1.0～1.5℃/min 的速率升温，且搅拌速率为 250（r/min）±10（r/min）。

3）除试样的搅拌和加热速率按 2）的规定，其他试验步骤均按步骤 A 中 3）～7）规定进行。

6. 计算

（1）大气压读数的转换　如果测得的大气压读数不是以 kPa 为单位的，可用下述等量关系换算到以 kPa 为单位的读数。

以 hPa 为单位的读数×0.1＝以 kPa 为单位的读数。

以 mbar 为单位的读数×0.1＝以 kPa 为单位的读数。

以 mmHg 为单位的读数×0.1333＝以 kPa 为单位的读数。

（2）观察闪点的修正，按式（2-26）计算。

7. 结果表示

将结果报告修正到标准大气压（101.3kPa）下的闪点，精确至 0.5℃。

8. 精密度

按下述规定判断试验结果白可靠性（95%的置信水平）。

重复性、再现性测定的试验结果之差均不能超过相应数值（详见标准）。

2.5.4　石油产品闪点与燃点的测定（开口杯法）（GB/T 267—1988）

1. 试验目的

1）掌握开口杯法闪点的测定方法和大气压力修正计算。

2）掌握开口杯法闪点测定器的使用性能和操作方法。

2. 仪器与试剂

（1）仪器 开口杯法闪点测定器（符合 SH/T 0318—1992《开口闪点测定器技术条件》）；温度计（符合 GB/T 514—2005《石油产品试验用玻璃液体温度计技术条件》中开口闪点用温度计要求）；煤气灯、酒精喷灯或电炉（当测定闪点高于 200℃ 试样时，必须使用电炉）。

（2）试剂 溶剂油（符合 GB 1922—2006 中 NY-120 要求）或车用汽油；汽油机油试样（闪点为 200～225℃）；柴油试样。

3. 方法概要

把试样装入内坩埚到规定的刻线。先迅速升高试样的温度，然后缓慢升温，当接近闪点时，恒速升温。在规定的温度间隔，用点火器的小火焰按规定通过试样表面，使试样表面上的蒸气发生闪火的最低温度，作为开口杯法闪点。继续进行试验，直到用点火器火焰使试样点燃并至少燃烧 5s 时的最低温度，即为开口杯法燃点。

4. 准备工作

（1）试样脱水 当试样水分的质量分数大于 0.1% 时，必须脱水。以新煅烧并冷却的食盐、硫酸钠或无水氯化钙为脱水剂，对试样进行脱水处理，脱水后，取试样的上层澄清部分供试验使用。闪点低于 100℃ 的试样脱水时不必加热；其他试样允许加热至 50～80℃ 时用脱水剂脱水。

（2）清洗安装坩埚 内坩埚用溶剂油（或车用汽油）洗涤后，放在点燃的煤气灯上加热，除去遗留的溶剂油。待内坩埚冷却至室温时，放入装有细砂（经过燃烧）的外坩埚中，使细砂表面距离内坩埚的口部边缘约 12mm，并使内坩埚底部与外坩埚底部之间保持 5～8mm 厚的砂层。

注意：对闪点在 300℃ 以上的试样进行测定时，两只坩埚底部之间的砂层厚度允许酌量减薄，但在试验时必须保持规定的升温速度。

（3）注入试样 当试样注入内坩埚时，不应溅出，而且液面以上的坩埚不应沾有试样。对于闪点在 210℃ 和 210℃ 以下的试样，液面距坩埚口边缘为 12mm（即内坩埚内的上刻线处）；对于闪点在 210℃ 以上的试样，液面距离口部边缘为 18mm（即内坩埚内的下刻线处）。

（4）安装仪器 将装好试样的坩埚平稳地放置在支架上的铁环（或电炉）中，再将温度计垂直地固定在温度计夹上，并使温度计水银球位于内坩埚中央，使之与坩埚底和试样液面的距离大致相等。

（5）围好防护屏 测定装置应放在避风和较暗的地方并用防护屏围着，从而使闪火现象能够看得清楚。

5. 试验步骤

（1）闪点的测定

1）加热坩埚。使试样逐渐升高温度，当试样温度达到预计闪点前 60℃ 时，调整加热速度；在试样温度达到闪点前 40℃ 时，控制升温速度为每分钟升高 4℃±1℃。

2）点火试验。当试样温度达到预计闪点前 10℃ 时，将点火器的火焰放到距离试样液

10~14mm 处，并在水平方向沿坩埚内径作直线移动，从坩埚的一边移至另一边所经过的时间为 2~3s。试样温度每升高 2℃应重复一次点火试验。

注意：点火器的火焰长度，应预先调整至 3~4mm。

3）测定闪点。当试样液面上方最初出现蓝色火焰时，立即从温度计读出温度，作为闪点的测定结果，同时记录大气压力。

注意：试样蒸气发生的闪火与点火器火焰的闪光不应混淆，如果闪火现象不明显，必须在试样升高 2℃时继续点火证实。

（2）燃点的测定

1）点火试验。测得试样的闪点之后，如果还需要测定燃点，应继续对外坩埚进行加热，使试样升温速度为每分钟升高 4℃+1℃。然后，按上述步骤（1）2）所述方法进行点火试验。

2）测定燃点。试样接触火焰后立即着火并能继续燃烧不少于 5s，此时立即从温度计读出温度，作为燃点的测定结果，同时记录大气压力。

6. 闪点和燃点的压力修正

当大气压力低于 99.3kPa（745mmHg）时，GB/T 267—1988《石油产品闪点与燃点测定法（开口杯法）》规定开口杯闪点和燃点可用式（2-24）、式（2-25）进行修正。此外，修正数还可以从表 2-16 查出。

表 2-16 开口闪点大气压力修正数值

闪点或燃点/℃	在下列大气压力[KPa(mmHg)]时的修正值/℃										
	72.0(540)	74.6(560)	77.3(580)	80.0(600)	82.6(620)	85.3(640)	88.0(660)	90.6(680)	93.3(700)	96.0(720)	98.6(740)
100	9	9	8	7	6	5	4	3	2	2	1
125	10	9	8	8	7	6	5	4	3	2	1
150	11	10	9	8	7	6	5	4	3	2	1
175	12	11	10	9	8	6	5	4	3	2	1
200	13	12	10	9	8	7	6	5	4	2	1
225	14	12	11	10	9	7	6	5	4	2	1
250	14	13	12	11	9	8	7	6	4	3	1
275	15	14	12	11	10	8	7	6	4	3	1
300	16	15	13	12	10	9	7	6	4	3	1

7. 精密度

同一操作者重复测定的两个闪点结果之差应符合如下要求：当闪点≤150℃时，其差值<4℃；当闪点>150℃时，其差值<6℃。

同一操作者重复测定的两个燃点结果之差不应大于 6℃。

8. 报告

1）取重复测定两个闪点结果的算术平均值，作为试样的闪点。

2）取重复测定两个燃点结果的算术平均值，作为试样的燃点。

⊖ 文中（1）2）表示"（1）闪点的测定 2）点火试验"，后文余同。

第3章

石油产品蒸发性能的测定

蒸发性能又称为汽化性能，它是指液体在一定的温度下能否迅速蒸发为蒸气的能力。目前，石油产品绝大部分作为燃料使用，如车用汽油、喷气燃料、车用柴油等都是重要的内燃机燃料。内燃机燃料在燃烧前，首先要经过一个雾化、汽化及与空气形成可燃混合气的过程，该过程是保证燃料燃烧稳定、完全的先决条件，因此蒸发性能是液体燃料的重要性质之一。不仅如此，它对于石油产品的贮存、输送也有重要意义，同时也是生产、科研和设计中的主要物性参数。石油产品的蒸发性可用馏程、蒸气压等指标评定。

3.1 馏程

3.1.1 馏程及其测定意义

1. 馏程

纯液体物质在一定温度下具有恒定的蒸气压，温度越高，蒸气压越大。当饱和蒸气压与外界压力相等时，液体表面和内部同时出现汽化现象的温度称为该液体物质在此压力下的沸点。通常所说的沸点是指液体物质在压力为 101.325kPa 下的沸点，又称为正常沸点。

石油产品是一个主要由多种烃类及少量烃类衍生物组成的复杂混合物，与纯液体不同，它没有恒定的沸点，其沸点表现为一很宽的范围。由于石油产品中轻组分的相对挥发度大，在加热蒸馏时，首先汽化，当蒸气压等于外压时，石油产品即开始沸腾，随汽化率的增大，石油产品中重组分逐渐增多，所以沸点也不断升高。可见，石油是一个沸点连续的多组分混合物。在外压一定时，石油产品的沸点范围称为沸程。

石油产品在规定的条件下蒸馏，从初馏点到终馏点这一温度范围，称为馏程。而在某一温度范围蒸出的馏出物，称为馏分，如汽油馏分、煤油馏分、柴油馏分及润滑油馏分等。温度范围窄的称为窄馏分，温度范围宽的称为宽馏分。石油馏分仍是一个混合物，只是包含的组分数相对少一些。石油产品的馏分范围因所用蒸馏设备的不同，其测定的结果也有差异。在石油产品质量控制、工艺计算及原油的初步评价中，普遍使用简单的恩氏蒸馏设备测定石油产品馏程。

2. 馏分组成

石油产品蒸馏测定中馏出温度与馏出体积分数相对应的一组数据，称为馏分组成。例如，初馏点、10%点、50%点、90%点和终馏点等，在生产实际中常统称为馏程。馏分组成是石油产品蒸发性大小的主要指标。

3. 测定馏程的意义

1）馏程是判断石油馏分组成，可作为建厂设计的基础数据。在决定一种原油的加工方案时，首先应了解原油中所含轻、重馏分的相对含量，这就需要对原油进行常压蒸馏和减压蒸馏，以得到汽油、煤油、车用柴油等轻质馏分油的收率。同时，还要对馏分性质进行详细的分析，从收率的多少和各馏分性质的优劣来判断原油最适宜的产品方案和加工方案。

2）馏程是装置生产操作控制的依据。精馏装置生产操作条件的调控是以馏出物的馏程数据为基础的。例如，根据汽油馏程可以确定塔顶的操作温度，如果汽油干点高于指标，说明塔顶温度高或塔内压力低，塔顶回流量大或原油带水多，吹气量大。一般可对应采用加大塔顶回流量、降低塔顶温度、加强原油脱水、减少吹气量等措施控制产品干点合格。

此外，根据馏分组成的具体情况，还可以确定添加调和成分的种类和数量，以满足石油产品使用要求。

3）根据馏程可以评定汽油发动机燃料的蒸发性，判断其使用性能。

10%馏出温度可以判断汽油中轻组分的含量，它反映了汽油发动机燃料的低温起动性形成气阻的倾向。发动机起动时转速较低（一般为 $50 \sim 100r/min$），吸入汽油量少，且发动机处于冷缸状态，进入气缸的汽油汽化率低，如果缺乏足够的轻组分，汽车的起动就会困难。因此，汽油规格中规定10%馏出温度不能高于 70℃，表 3-1 中列出汽油 10%馏出温度与保证汽油发动机易于起动的最低大气温度之间的关系。显然，汽油 10%馏出温度越低，越能保证发动机的低温起动性。

表 3-1　车用汽油 10%馏出温度与保证发动机易于起动的最低大气温度的关系

10%馏出温度/℃	大气温度/℃	10%馏出温度/℃	大气温度/℃
54	-21	71	-9
60	-17	77	-6
66	-13	82	-2

在相同的气温条件下，汽油 10%馏出温度越低，所需起动的时间越短，油耗越少（见表 3-2）。

表 3-2　车用汽油 10%馏出温度与发动机起动时间及汽油消耗量的关系

试验温度/℃	起动时间/s		起动时汽油消耗量/mL	
	10%馏出温度79℃	10%馏出温度72℃	10%馏出温度79℃	10%馏出温度72℃
0	10.5	9.4	10	8.7
-6	45	29	48	30

然而，物极必反，当汽油中轻组分过多时，易在输油管内产生气阻，影响发动机的正常起动，特别是在炎热的夏季或低压下工作时更是如此。目前，汽油规格标准中只规定了10%馏出温度的上限，其下限实际上由另一个蒸发性指标（即蒸气压）来控制。

车用汽油的50%馏出温度表示其平均蒸发性能，它影响发动机起动后的升温时间和加速性能。冷发动机从起动到车辆起步，一般要经过一个暖车阶段，温度大约上升到50℃左右，才能带负荷运转（此时发动机转速约400r/min）。汽油的50%馏出温度越低，其平均蒸发性能越好，起动时参加燃烧的汽油量就越多，则发热量也越多，因而能缩短发机起动后的升温时间并减少耗油量。

车用油的50%馏出温度还直接影油发动机的加速性能和工作的稳定性。50%馏出温度低，发动机加速灵敏，运转稳；若50%馏出温度过高，当发动机加大油门提速时，部分燃料来不及汽化，燃烧不完全，使发动机功率降低，甚至燃烧不起来，致使发动机熄火而无法工作。为此规定车用汽油的50%馏出温度不高于120℃。

车用汽油的90%馏出温度表示其重质组分的含量，它关系到燃料的燃烧完全性。90%馏出温度越高，重质组分越多，汽化状态越差，燃料燃烧越不完全，这不仅会降低发动机功率，增大耗油量，而且还易在气缸内形成积炭，使磨损加重。一般，燃料90%馏出温度低些好，我国规定车用汽油的90%馏出温度不高于190℃。

终馏点表示燃料中最重馏分的沸点。此点温度高，则易稀释润滑油，降低其黏度，影响润滑，增大机械磨损。同时，由于燃烧不完全，还会在气缸上形成油渣沉积或堵塞油管。试验表明，使用终馏点为225℃的汽油，发动机的磨损比使用终馏点为200℃的汽油增大1倍、耗油量增加7%。因此，我国规定车用汽油的终馏点不高于205℃。

4）评定车用柴油的蒸发性，判断其使用性能。车用柴油的馏程是保证其在发动机燃烧室内迅速蒸发和燃烧的重要指标。为保证良好的低温起动性能，需要有一定的轻质馏分，保证蒸发快，油气混合均匀，燃烧状态好，油耗少（见表3-3）。

表3-3　车用柴油50%馏出温度与起动性能的关系

车用柴油50%馏出温度/℃	发动机起动时间/s	车用柴油50%馏出温度/℃	发动机起动时间/s
200	8	275	60
225	10	285	90
250	27		

但馏分组成也不能过轻，由于柴油机是压燃式发动机，馏分组成越轻，自燃点越高，则着火滞后期（即滞燃期）越长，致使所有喷入的燃料几乎同时燃烧，造成气缸内压力猛烈上升而发生工作粗暴现象。此外，过轻的馏分组成还会降低柴油的黏度，使润滑性能变差，液压泵磨损加重。重馏分特别是碳链较长的烷烃自燃点低，容易燃烧，但馏分组成过重，则汽化困难，燃烧不完全，不仅会增大油耗（见表3-4），还易形成积炭，磨损发动机，缩短使用寿命。因此，我国车用柴油指标规定，50%馏出温度不得高于300℃；90%馏出温度不得高于355℃；95%的馏出温度不得高于365℃。

表 3-4　车用柴油 300℃馏出量与耗油率的关系

300℃馏出量/（%）	单位耗油率 ϕ/（%）
39	100
34	114
20	131

3.1.2　馏程测定方法

1. 恩氏蒸馏

测定汽油、喷气燃料、溶剂油、煤油和车用柴油等轻质石油产品的馏分组成可按照 GB/T 255—1977《石油产品馏程测定法》（恩氏蒸馏）和 GB/T 6536—2010《石油产品常压蒸馏特性测定法》中的方法进行，该两种标准试验方法适用于测定发动机燃料、溶剂油和轻质石油产品的馏分组成。常用的恩氏蒸馏装置如图 3-1 所示。

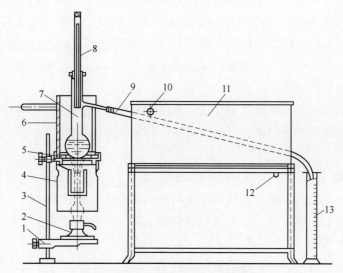

图 3-1　石油产品的恩氏蒸馏测定器

1—托架　2—喷灯　3—支架　4—下罩　5—石棉垫片　6—上罩　7—烧瓶　8—温度计
9—冷凝管　10—排水支管　11—水槽　12—进水支管　13—量筒

当进行恩氏蒸馏测定时，将 100mL 试样在规定的试验条件下，按产品性质的不同，控制不同的蒸馏操作升温速度。当冷凝管流出第一滴冷凝液时的气相温度，称为初馏点。在蒸馏过程中，烃类分子按其相对挥发度由大到小的次序逐渐蒸出，随之，气相温度也逐渐升高，当馏出物体积分数为装入试样的 10%、50%、90% 时，蒸馏瓶内的气相温度分别称之为10%馏出温度、50%馏出温度、90%馏出温度。蒸馏过程中的最高气相温度，称为终馏点。蒸馏烧瓶底部最后一滴液体汽化的瞬间所测得的气相温度称为干点，此时不考虑蒸馏烧瓶壁及温度计上的任何液滴或液膜。由于终馏点一般在蒸馏烧瓶底部全部液体蒸发后才出现，故与干点往往相同。初馏点到终点这一温度范围即称为馏程。蒸馏结束后，将冷却至室温的烧瓶内容物按规定方法收集到 5ml 量筒中的体积分数称为残留量；而以装入试样量为 100% 减去馏出液体和残留物的体积分数之和，所得之差值称为蒸发损失。生产实际中常将上述这套完整数据称为馏程，它是轻质燃料油的质量指标。

石油产品馏程测定是间歇式的简单蒸馏，这种蒸馏没有精馏作用，石油产品中的烃类并不是按各自沸点逐一蒸出，而是在温度从低到高的渐次汽化过程中，以连续增高沸点的混合物形式蒸出。换言之，在蒸馏时既有首先汽化的轻组分携带部分沸点较高的重组分一同汽化的过程，同时又有留在液体中的一些低沸点轻组分与高沸点组分被一同蒸出的过程。因此，馏分组成数据仅粗略地判断石油产品的轻重及使用性质。

由于恩氏蒸馏测定操作简单、迅速，结果易重合，对评定石油产品特别是评定轻质石油产品的使用性质，控制产品质量和检查操作条件等都有着重要的实际意义。

2. 减压蒸馏

减压蒸馏是采用抽真空设施，利用各组分相对挥发度的不同，使混合物在低于正常沸点的情况下得到分离的过程。

石油产品的减压蒸馏测定是按 GB/T 9168—1997《石油产品减压蒸馏测定法》中的方法进行的，该标准等效采用 ASTM D1160-95 标准方法，但也略有差异，它用国产十六烷标准燃料代替了 ASTM 十六烷标准燃料。该标准适用于在常压下蒸馏可能分解的石油产品，如燃料油、蜡油、重油等重质馏分的馏程。即适用于测定最高温度达 400℃时，能部分或全部蒸发的石油产品的沸点范围。

石油产品的馏程直接与黏度、蒸气压、热值、平均相对分子质量等性质相关，这些性质是决定产品使用性质的重要因素，因此减压蒸馏可为石油产品生产确定合适的进料及为有关工程计算提供依据。

3. 实沸点蒸馏

原油的实沸点蒸馏是一套分离精确度较高的间歇式常减压蒸馏装置。在蒸馏时，将原油按沸点高低切割成多个窄馏分，由于其分馏精确度高，馏出温度接近物质的真实沸点，称为实沸点（真沸点）蒸馏。

原油的实沸点蒸馏是原油评价的重要内容之一，因此，还要对测定的结果进行进一步处理。例如，计算每个窄馏分的收率及总收率，计算特性因数及黏度指数；测定每个窄馏分的性质如密度、黏度、凝点、苯胺点、酸值、硫含量及折射率；测定不同深度的重油、渣油的产率和性质。最后，用所得数据绘制原油实沸点蒸馏曲线、性质曲线及汽油、煤油、柴油的产率曲线。

3.1.3 影响测定的主要因素

1. 影响恩氏蒸馏测定的主要因素

（1）试样及馏出物量取温度的一致性　液体石油产品的体积受温度的影响比较明显，温度升高，石油产品体积增大，温度降低体积则减小。如果量取试样及馏出物时的温度不同，必将引起测定误差。标准方法中要求量取试样、馏出物及残留液体积时，温度要尽量保持一致，通常要求在 20℃±3℃下进行。

（2）冷凝温度的控制　在测定不同石油产品的馏程时，冷凝器内水温控制的要求不同。

例如，汽油的初馏点低，轻组分多，挥发性大，为保证蒸馏汽化的油气全部冷凝为液体，减少蒸馏损失，必须控制冷凝器温度为 0~5℃；煤油馏分较汽油重得多，初馏点一般在 150℃以上，为使油气冷凝，水温控制不高于 30℃；当蒸馏含蜡液体燃料（凝点高于-5℃）时，需加热水，控制水温在 50~70℃之间，这样，既可使油蒸气冷凝为液体，又不致使重质馏分在管内凝结，保证冷凝液在管内自由流动，达到试验方法所规定的要求。

（3）加热速度和馏出速度的控制　各种石油产品的沸点范围是不同的，如果对较轻的石油产品快速加热，可发生两方面不良影响：其一，迅速产生的大量气体可使蒸馏瓶内压力上升，高于外界大气压，导致温度测定值高于正常蒸馏温度；其二，始终保持较大的加热速度，将引起过热现象，造成干点升高。反之，加热过慢，会使初馏点、10%点、50%点、90%点及终馏点等降低。因此标准中规定蒸馏不同石油产品要采用不同的加热速度：蒸馏汽油，从开始加热到初馏点的时间为 5~10min；航空汽油为 7~8min；喷气燃料、煤油、车用柴油为 10~15min；重质燃料油或其他重质油料为 10~20min。馏出速度应保持在 4~5mL/min（每 10s 约 20~25 滴）。当总馏出量达 90mL 时，需调整加热速度，使 3~5min 内达到干点，否则会影响干点测定的准确性。

（4）蒸馏损失量的控制　在测定汽油时，量筒的口部要用棉花塞住，以减少馏出物的挥发损失，使其充分冷凝，同时还能避免冷凝管上凝结的水落入量筒内。

（5）石棉垫片的选择　石棉垫片具有保证加热速度和避免石油产品过热的作用。蒸馏不同石油产品时要选用不同孔径的石棉垫片，具体要求应符合 SH/T 0121—1992《石油产品馏程测定技术条件》中有关规定。通常的考虑是，蒸馏终点的石油产品表面要高于加热面。轻油大都要求测定终馏点，为防止过热可选择较小的石棉垫片：汽油用孔径为 φ30mm 的石棉垫片；煤油、车用柴油用孔径为 φ50mm 的石棉垫片，由于重油一般加热到 340~360℃就会发生裂化，因而没有必要继续蒸馏，瓶内往往剩下一半以上的液体，故可选大直径的石棉垫片，以扩大加热面。例如，重质燃料油及其他重质油用孔径为 φ40~φ50mm 的石棉垫片。

（6）试样的脱水　若试样含水，蒸馏汽化后会在温度计上冷凝并逐渐聚成水滴，水滴落入高温的油中会迅速汽化，造成瓶内压力不稳，甚至发生冲油（突沸）现象。因此测定前必须对含水试样进行脱水处理，并加入沸石，以保证试验安全及测定结果的准确性。

2. 影响减压蒸馏测定的主要因素

（1）试样脱水　蒸馏前必须脱水，并加入沸石或硅酮液，以防止试样起泡沫，加热后造成冲油现象，使试验无法进行。

（2）加强装置密封　装置的各连接处都要涂硅润滑脂，保证连接紧密，以控制系统压力稳定在规定绝对压力的±1%以内。此外，选用的蒸馏烧瓶应无气泡、无裂痕，防止漏入空气，稳定系统压力，避免发生爆炸危险。为了减少试验失败的可能性，只有经偏振光试验证明不变形的设备才可以使用。

（3）控制蒸馏最高温度　蒸馏时应严格控制液相最高温度不能超过 400℃，蒸气温度不能超过 350℃，否则应立即停止蒸馏。过高的温度不仅会使石油产品发生分解，而且长时间加热还可引起蒸馏烧瓶变形，影响测定结果，并带来安全隐患。

（4）严格按操作规程操作　在进行减压蒸馏操作时，应先开启真空泵以产生负压，同时观察烧瓶中泡沫标记的容积。如果试样起泡，可稍加压力或轻微加热消除，然后加热升温。在蒸馏结束时，应先停止加热，并将蒸馏烧瓶的加热器降低 5~10cm，用温和的空气流或二氧化碳流冷却蒸馏烧瓶和加热器。当蒸馏烧瓶中的液体冷却至80℃以下，再缓慢消除真空，关闭真空泵，防止向热油气中通入空气而引起蒸馏烧瓶炸裂着火，同时也可避免突然增大压力，将真空压力计的密闭端冲破。

3. 实沸点蒸馏测定的注意事项

1）控制蒸馏最高温度，每段蒸馏应严格控制液相指示最高温度，不超过350℃，以防止石油产品分解。各段馏出速度控制在 3~5mL/min，保持一定的分馏精确度。

2）严格按操作规程操作，防止试验失败。与实沸点蒸馏相似，在进行减压蒸馏操作时，也必须先开真空泵，然后再加热升温。在蒸馏结束时，先停止加热，放下电炉，使蒸馏釜中的液体冷却至80℃以下，同时缓慢除去真空，再关闭真空泵。

3）正确使用真空泵，保证达到所要求的真空度。真空泵不允许倒转，注意真空泵内的油液面不能过低，要按使用说明书中的要求进行维护保养。

3.2 饱和蒸气压

3.2.1 饱和蒸气压及其测定意义

1. 饱和蒸气压

在一定温度下，液体分子由于本身的热运动，会从液体表面汽化成蒸气分子而扩散到空气中去，这一过程称为蒸发。在敞口容器中，如果扩散速度大于凝结速度，液体就会不断地汽化，直至蒸发干为止。但是，在密闭容器中，不断运动的蒸气分子还会撞击液面或器壁而凝结成液体，随着时间的推移，单位时间内蒸发和凝结的分子数将相等，此时气液两相达到平衡状态，对应的蒸气称为饱和蒸气。

在一定的温度下，气液两相处于平衡状态时的蒸气压力称为饱和蒸气压，简称蒸气压。石油馏分的蒸气压通常有两种表示方法：一种是汽化率为零时的蒸气压，又称为泡点蒸气压或真实蒸气压，它在工艺计算中常用于计算气液相组成、换算不同压力下烃类的沸点或计算烃类的液化条件；另一种是雷德蒸气压，它是用特定的仪器，在规定的条件下测定得的石油产品蒸气压，主要用于评价汽油的汽化性能、启动性能、生成气阻倾向及贮存时损失轻组分等重要指标。通常，泡点蒸气压要比雷德蒸气压高。

2. 影响饱和蒸气压的因素

（1）温度　某确定纯物质的饱和蒸气压只是温度的函数，而与液体的数量，容器的形状无关，温度升高，蒸气压增大；温度降低，蒸气压减小。与纯物质相似，石油产品的蒸气压也与温度有关，温度升高，石油产品的蒸气压增大，温度降低，石油产品的蒸气压减小。

（2）物质的种类和组成　纯物质的蒸气压与物质的种类有关。即不同的物质在相同的温度下，具有不同的饱和蒸气压，蒸气压越大，该物质越容易汽化，其挥发能力越强。

石油馏分是各种烃类的复杂混合物，与纯物质相似，其蒸气压还与石油产品的组成有关，在一定温度下，石油产品的馏分越轻，越容易挥发，蒸气压越大。石油产品的组成是随汽化率不同而改变的，一定量的石油产品在汽化过程中，由于轻组分易挥发，因此当汽化率增大时，液相组成逐渐变重，其蒸气压也会随之降低。

3. 测定饱和蒸气压的意义

（1）评定汽油汽化性　汽油的饱和蒸气压越大，说明含低分子烃类越多，越容易汽化，与空气混合得也越均匀，从而使进入汽缸的混合气燃烧得越完全。因此，较高的蒸气压能保证汽油正常燃烧，发动机起动快，效率高，油耗低。

（2）判断汽油在使用时有无形成气阻的倾向　通常，当汽油用于发动机燃料时，希望具有较高的蒸气压，但是也并不是无止境的，蒸气压过高容易使汽油在输油管路中形成气阻，使供油不足或中断，造成发动机功率降低，甚至停止运转；而蒸气压过低又会影响油料的启动性能。如表 3-5 所示，随着大气温度的升高，应控制汽油保持较低的蒸气压，才能保证汽油发动机供油系统不发生气阻。因此，对车用汽油和航空汽油的蒸气压都有具体限制指标，如我国对车用汽油的蒸气压按季节规定了不同指标，要求从 9 月 16 日至 3 月 15 日不大于 88kPa，从 3 月 16 日至 9 月 15 日不大于 74kPa。

表 3-5　大气温度与不致引起气阻的汽油蒸气压关系

大气温度/℃	不致引起气阻的蒸气压/kPa	大气温度/℃	不致引起气阻的蒸气压/kPa
10	97.3	33	56.0
16	94.0	38	48.7
22	76.0	44	41.3
28	69.3	49	36.7

（3）估计汽油贮存和运输中的蒸发损失　当贮存、灌注及运输发动机燃料时，石油产品含轻组分越多，蒸气压越大，蒸气损失也越大，这不仅易造成油料损失，污染环境，而且还有发生火的危险性。

3.2.2　石油产品蒸气压测定方法

测定石油产品蒸气压的标准方法有 GB/T 8017—2012《石油产品蒸气压测定法 雷德法》，适用于测定汽油，也适用于测定易挥发性原油及其他易挥发性石油产品的蒸气压，但不适用于测定液化石油气的蒸气压。该标准方法是参照 ASTM D323：2008 而制定的，该方法等同于国际标准，可满足对外贸易的需要，且其测定准确性高。此外，液化石油气的饱和蒸气压也可采用 GB/T 6602—1989《液化石油气蒸气压测定法（LPG 法）》中的方法测定。

当用 GB/T 8017—2012 标准方法测定蒸气压时，是将冷却的试样充入蒸气压测定器的汽油室，并将汽油室与 37.8℃ 的空气室相连接。将该测定器浸入恒温浴（37.8℃±0.1℃）中，定期振荡，直至安装在测定器上压力表的压力读数稳定，此时的压力表读数经修正后，即为雷德蒸气压。

如果将 U 形水银压差计换成波顿形压力表就是由 GB/T 8017—2012 标准方法测定蒸气压装置，由于该方法测定前的空气室温度为 37.8℃，与试验时温度相等，故不再需要进行压力校正。GB/T 8017—2012 蒸气压测定方法的条件见表 3-6。

表 3-6　GB/T 8017—2012 蒸气压测定方法的条件

项目	GB/T 8017—2012
测定温度/℃	37.8±0.1
测定前空气室温度/℃	37.8±0.1
测压器	波顿形压力表

3.2.3　影响测定的主要因素

（1）压力表的读数及校正　在读数时，必须保证压力表处于垂直位置，要轻轻敲后再读数，每次试验后都要将压力表用水银压差计进行校正，以保证试验结果有较高的准确性。

（2）试样的空气饱和　必须按规定剧烈摇荡盛放试样的容器，使试样与容器内的空气达到饱和，只有满足这样条件的试样，所测得的最大蒸气压才是雷德蒸气压。

（3）检查泄露　在试验前和试验中，应该仔细检查全部仪器是否有漏油漏气现象，任何时候发现有漏油漏气现象则舍弃试样，用新试样重做试验。

（4）取样和试样管理　取样和试样的管理应严格执行标准中的规定，避免试样蒸发损失和轻微的组成变化，试验前绝不能把雷德蒸气压测定器的任何部件当作试样容器使用。如果要测定的项目较多，雷德蒸气压的测定应是被分析试样的第一个试验，以防止轻组分挥发。

（5）仪器的冲洗　按规定每次试验后必须彻底冲洗压力表、空气室和汽油室，以保证不含残余试样。

（6）温度控制　仪器的安装必须按标准方法中的要求准确操作，不得超出规定的安装时间，以确保空气室温度恒定在 37.8℃；严格控制试样温度为 0~1℃，测定水浴的温度为 37.8℃±0.8℃。

第4章

石油产品低温流动性能的测定

石油产品的低温流动性能是指石油产品在低温下使用时，维持正常流动顺利输送的能力。例如，我国北方冬季气温可达-30℃左右，室外发动机或机器的起动温度与环境温度基本相同，因此发动机燃料和润滑油要求有相应的低温流动性能。根据石油产品的用途不同，评价低温流动性能的指标也有差异，常用的评价指标有浊点、结晶点、冰点、倾点、凝点和冷滤点等。

4.1 浊点、结晶点和冰点

4.1.1 石油产品浊点、结晶点和冰点及其测定意义

1. 浊点、结晶点和冰点

（1）浊点　试样在规定的条件下冷却，开始呈现雾状或浑浊时的最高温度，称为浊点，以℃表示。此时石油产品中出现了许多肉眼看不见的微小晶粒，因此不再呈现透明状态。

（2）结晶点　试样在规定的条件下冷却，出现肉眼可见结晶时的最高温度，称为结晶点，以℃表示。在结晶点时，石油产品仍处于可流动的液体状态。

（3）冰点　试样在规定的条件下，冷却到出现结晶后，再升温至结晶消失的最低温度，称为冰点，以℃表示。一般结晶点与冰点之差不超过3℃。

2. 影响石油产品浊点、结晶点和冰点的主要因素

（1）烃类组成的影响　不同种类、结构的烃类，其熔点也不相同。当碳原子数相同时，通常正构烷烃、带对称短侧链的单环芳烃、双环芳烃的熔点最高，含有侧链的环烷烃及异构烷烃则较低。因此，若石油产品中所含大分子正构烷烃和芳烃的量增多时，其浊点、结晶点和冰点就会明显升高，即燃料的低温性能变差。例如，用石蜡基的大庆油田的原油炼制的喷气燃料，其结晶点要比用中间基的克拉玛依油田的原油、胜利油田的原油炼制的喷气燃料高得多，见表4-1。从表中还可以看出，由同一原油炼制的喷气燃料，馏分越重，其相对密度越大，结晶点越高。这是由于同类烃随相对分子质量的增大，其沸点、相对密度、熔点逐渐升高的缘故。为保证结晶点合格，喷气燃料的尾部馏分不能过重。

表 4-1 不同原油喷气燃料馏分范围与结晶点的关系

原油类别	馏分范围/℃	密度（20℃）/（kg/m³）	结晶点/℃
大庆油田的原油 （石蜡基）	130~210	767.9	-65
	130~220	770.9	-59.5
	130~230	774.3	-56
	130~240	776.3	-52
	130~250	778.8	-47
克拉玛依油田的原油 （中间基）	120~230	784.8	-65
	130~240	788.3	-63
	140~240	791.0	-60

（2）石油产品含水量的影响　石油产品含水可使浊点、结晶点和冰点显著升高。轻质石油产品有一定的溶水性，由于温度的变化，这些水常以悬浮态、乳化态和溶解状态存在。在低温下，石油产品中的微量水可呈细小的冰晶析出，会直接引起过滤器或输油管路的堵塞，更为严重的是，细小的冰晶可作为烃类结晶的晶核，有了晶核，高熔点烃类可迅速形成大的结晶，使滤网堵塞的可能性大大增加，甚至中断供油，造成事故。

石油产品中溶解水的数量主要取决于石油产品的化学组成，此外还与环境温度、湿度、大气压力和贮存条件等有关。各种烃类对水的溶解度比较如下：

芳烃>烯烃>环烷烃>烷烃

由此可见，对使用条件恶劣的喷气燃料要限制芳烃的含量，国产喷气燃料规定芳烃含量（质量分数）不得大于20%。在同一类烃中，随相对分子质量和黏度的增大，对水的溶解度减小。

随着温度的降低，水在燃料中的溶解度减小。例如，大庆2号喷气燃料从40℃降低到0℃时，其溶解水的含量由135mg/kg降低至40mg/kg。为防止喷气燃料结晶，使用中常采用加热过滤器或预热燃料的办法。

3. 测定石油产品浊点、结晶点和冰点的意义

1）结晶点和冰点是评定航空汽油和喷气燃料低温性能的质量指标。我国习惯用结晶点，欧美各国则采用冰点。航空活塞式发动机燃料和喷气燃料都是在高空低温环境下使用的，如果出现结晶，会堵塞发动机燃料系统的滤清器或导管，使燃料不能顺利泵送，供油不足，甚至中断，这对高空飞行而言是相当危险的。因此，我国对航空活塞式发动机燃料和喷气燃料的低温性能指标提出了严格的要求（见表4-2）。

表 4-2 某些轻质石油产品的低温性能质量指标

项目		航空活塞式发动机燃料 GB 1787—2018	喷气燃料		煤油 GB 253—2008	
			2 号 GB 1788—1979	3 号 GB 6537—2018	1 号	2 号
冰点/℃	不高于	-58	—	-47	-30	-30
浊点/℃	不高于	—	—	—	—	—
结晶点/℃	不高于	—	-50	—	—	—

2）浊点主要是煤油的低温性能质量指标，浊点过高的煤油在冬季室外使用时，会析出细微的结晶，堵塞灯芯的毛细管，使灯芯无法吸油，导致灯焰熄灭。我国对煤油的低温性能规格标准要求见表4-2。

4.1.2　浊点、结晶点和冰点测定方法

1. 浊点的测定

浊点的测定按 GB/T 6986—2014《石油产品浊点测定法》中的方法进行，该标准规定了石油产品、生物柴油和生物柴油调合燃料浊点的手动和自动两种测定方法，手动法为仲裁方法。本标准仅适用于测定在40mm 层厚时透明，且浊点低于49℃的石油产品、生物柴油和生物柴油调合燃料的浊点。

在测定时，将脱水处理后的试样倾入试管液位标线处，按图4-1安装好试验装置。在规定的条件下冷却，每当温度计读数下降1℃时，在不搅动试样的情况下，迅速将试管取出观察浊点，当试管底部首次出现蜡晶体而呈现雾状或浑浊的最高试样温度，即为试样的浊点，用℃表示。

当试样冷却到9℃还没出现浊点，则将试管移入温度保持在-18℃±1.5℃的第二个冷浴的浴套中。在转移试管过程中不能转移套管。若试样被冷却到-6℃还没出现浊点，则将试管移入温度保持在-33℃±1.5℃的第三个冷浴中。为了测定很低的浊点，需要增加几个浴，每个浴的浴温应与表4-3一致。

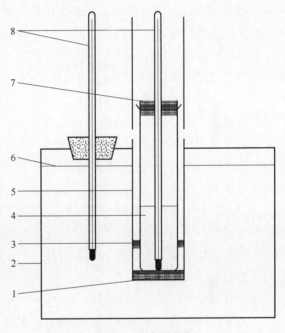

图 4-1　浊点测定仪

1—圆盘　2—冷浴　3—垫圈　4—试管　5—套管
6—冷浴液面位置　7—软木塞　8—温度计

表 4-3　冷浴和试样温度

浴的序号	浴温设定/℃	试样温度范围/℃
1	0±1.5	开始~9
2	-18±1.5	9~-6
3	-33±1.5	-6~-24
4	-51±1.5	-24~-42
5	-69±1.5	-42~-60

2. 冰点的测定

冰点的测定按 GB/T 2430—2008《航空燃料冰点测定法》中的方法进行，该标准规定了

喷气燃料和航空活塞式发动机燃料冰点的测定方法，当低于冰点时航空燃料中会有固态烃类结晶形成；该标准采用国际单位制［SI］；该标准使用中可能涉及危险的材料、操作和设备。该标准并未对与此有关的所有安全问题都提出建议，用户在使用该标准前有责任制定相应的安全和保护措施，并明确其受限制的适用范围。

当测定冰点时，将 25mL 试样装入洁净干燥的双壁试管中，装好搅拌器及温度计，将双壁试管放入盛有冷却介质的保温瓶中（见图 4-2），不断搅拌试样使其温度平稳下降，记录结晶出现的温度。然后从冷浴中取出双壁玻璃试管，使试样在连续搅拌下缓慢升温，烃类结晶完全消失的最低温度为冰点。

喷气燃料冰点的测定也可以用 SH/T 0770—2005《航空燃料冰点测定法（自动相转换法）》进行，该标准根据 ASTM D 5972-02《航空燃料冰点标准试验法（自动相转换法）》起草，该标准规定了喷气燃料冰点的测定方法，低于此温度喷气燃料中会形成固态烃类结晶；该标准适用于测定冰点的范围为−80~+20℃，然而在该标准 12.4 条中提到的实验室间研究只对喷气燃料冰点在−65~−45℃范围内进行了验证；当用该标准测定 JetB 和 JP4 试样时，用户应引起注意（见标准中 12.3 条）；该标准使用 SI 作为标准计量单位；该标准使用中可能涉及危险的材料、操作和设备。该标准并未对与此有关的所有安全问题都提出建议，用户在使用该标准前有责任制定相应的安全和保护措施，并明确其受限制的适用范围。

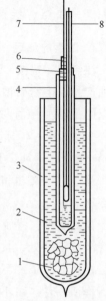

图 4-2　冰点测定仪
1—干冰　2—冷却剂
3—真空保温瓶　4—双壁玻璃试管　5—软木塞
6—B 型防潮管　7—搅拌器　8—温度计

测定时将试样用珀尔帖制冷器以（15±5）℃/min 的速率冷却，同时用一光源持续照射。用光学阵列检测器连续检控试样，以观察固态烃类结晶的初步形成。一旦烃类结晶形成，试样就开始以（10.0±0.5）℃/min 的速率升温，直到最后烃类结晶转变为液相，最后固态烃类结晶变成液相时的温度为冰点。

3. 结晶点的测定

石油产品浊点和结晶点的测定可按 NB/SH/T 0179—2013《轻质石油产品浊点和结晶点测定法》中的方法进行，标准适用于航空汽油、喷气燃料和柴油等轻质石油产品，标准中试验步骤包括脱水和未脱水两部分，柴油类产品一般采用脱水试验步骤。

（1）试样的准备及检测　标准中对未脱水试样和脱水试样（适用于柴油类样品）分别进行了说明。

（2）未脱水试样浊点和结晶点的测定

1）未脱水试样浊点的测定。准备好试样、冷却容器并安装好试管后，开始降低冷却容器中冷却剂的温度至低于试样预期浊点 15℃±2℃，冷却过程中应用搅拌器以 60~200 次/min 的速度来搅拌试样（搅拌器从下降到试管底部到提起至试样液面为一次搅拌）。当进行手动搅拌时，连续搅拌时间应不少于 20s，搅拌中断时间不应超过 15s。

当试样温度达到试样预期浊点前 5℃时，把试管从冷却容器中取出，迅速放入装有工业乙醇的烧杯中浸一下，然后直接与用作参照物的试管并排放在试管架上进行对比，观察试样的状态。每次观察操作的时间，即从冷却容器中取出试管的瞬间起至把试管放回冷却容器时的一瞬间止，不应超过12s。

与用作参照物的试管对比，如果试样未发生变化或有轻微变化，但继续降低温度时，此变化不再加重，则认为未达到试样的浊点，应重新将试管放回冷却容器中继续降温。温度每降低1℃观察一次试样的状态，并与用作参照物的试管进行对比，直至试样开始呈现浑浊为止。

当试样开始出现浑浊时，将此温度记作试样的浊点。

如果只检查试样是否符合其规格规定的浊点要求，可在产品规格规定的温度和比规格规定温度高1℃观察试样是否透明。

2）未脱水试样结晶点的测定。继续降低冷却剂的温度直至低于试样预期结晶点15℃±2℃，冷却过程中应按照相应的规定搅拌试样。当试样温度达到试样预期结晶点前5℃时，把试验管从冷却容器中取出，迅速放入装有工业乙醇的烧杯中浸一下，然后直接与用作参照物的试管并排放在试管架上，进行对比，观察试样的状态。

如果试样中未呈现晶体，应重新将试管放回冷却容器中。温度每降低1℃观察一次试样的状态，每次观察操作的时间不应超过12s。

当试样中开始出现肉眼可见的晶体时，将此温度记作试样的结晶点。

3）未脱水试样浊点和结晶点的测定要求进行重复试验。即要从同一容器中抽取第二次试验用的新试样（两次测定期间试样应被保存在相同温度下），要求使用清洁、干燥的试管来进行第二次试验。

（3）脱水试样浊点的测定（适用于柴油类产品）　按照要求所述操作步骤完成后，将试管从水浴中取出，放在试管架上静置，直至试样温度达到30~40℃。再将其中一支试验放入冷却容器。

按照要求准备好冷却容器，并装好试管。开始降低冷却容器中冷却剂的温度，至低于试样预期浊点10℃±2℃。冷却过程中应按照规定搅拌试样。

当试样温度达到试样预期浊点前5℃时，从冷却容器中取出试管，迅速放入装有工业乙醇的烧杯中浸一下，观察试样的状态。

当试样开始出现浑浊时，将此温度记作试样的浊点。

脱水试样浊点的测定要求进行重复试验。即要从同一容器中抽取第二次试验用的新试样（两次测定期间试样应被保存在相同温度下），要求使用清洁、干燥的试管来进行第二次试验。

4.2　倾点、凝点和冷滤点

4.2.1　石油产品倾点、凝点和冷滤点及其测定意义

1. 石油产品的凝固现象

石油产品是多种烃类的复杂混合物，在低温下石油产品是逐渐失去流动性的，没有固定

的凝固温度。根据组成不同，石油产品在低温下失去流动性的原因有两种。

（1）黏温凝固　对含蜡很少或不含蜡的石油产品，温度降低，黏度会迅速增大，当黏度增大到一定程度时，就会变成无定形的黏稠玻璃状物质而失去流动性，这种现象称为黏温凝固。石油产品凝固现象主要决定于它的化学组成，影响黏温凝固的是石油产品中的胶状物质及多环短侧链的环状烃。

（2）构造凝固　对含蜡较多的石油产品，温度降低，蜡就会逐渐结晶出来，当析出的蜡增多至形成网状骨架时，就会将液态的油包在其中而失去流动性，这种现象称为构造凝固。影响构造凝固的是石油产品中高熔点的正构烷烃、异构烷烃及带长烷基侧链的环状烃。

黏温凝固和构造凝固，都是指石油产品刚刚失去流动性的状态，事实上，石油产品并未凝成坚硬的固体，仍是一种黏稠的膏状物，所以"凝固"一词并不十分确切。

2. 倾点、凝点和冷滤点

（1）倾点　在试验规定的条件下冷却时，石油产品能够流动的最低温度，叫作倾点，又称流动极限，以℃表示。

（2）凝点　石油产品的凝点（又称凝固点）是指石油产品在试验规定的条件下，冷却至液面不移动时的最高温度，以℃表示。由于石油产品的凝固过程是一个渐变过程，所以凝点的高低与测定条件有关。

（3）冷滤点　试样在规定条件下冷却，当试样不能流过过滤器或20mL试样流过过滤器的时间大于60s或试样不能完全流回试杯时的最高温度，称为冷滤点，以℃（按1℃的整数倍）表示。

3. 影响石油产品倾点、凝点和冷滤点的主要因素

（1）烃类组成的影响　同浊点、结晶点和冰点相似，石油产品的倾点、凝点和冷滤点也与烃类组成密切相关。当碳原子数相同时，轻柴油以上馏分（沸点高于180℃）的各类烃中，通常正构烷烃的熔点最高，带长侧链的芳烃、环烷烃次之，异构烷烃则较小。

石油产品中高熔点烃类的含量越多，其倾点、凝点和冷滤点就越高；而且沸点越高，变化越明显。例如，石蜡基原油及其直馏产品的倾点、凝点和冷滤点要比环烷基原油及其直馏产品高得多。

（2）胶质、沥青质及表面活性剂的影响　这些物质能吸附在石蜡结晶中心的表面上，阻止石蜡结晶的生长，致使石油产品的凝点、倾点下降。所以，石油产品脱除胶质、沥青质及表面活性物质后，其凝点、倾点会升高；而加入某些表面活性物质（降凝剂），则可以降低石油产品的凝点，使石油产品低温流动性能得到改善。

（3）石油产品含水量的影响　柴油、润滑油的精制过程都要与水接触，若脱水后的石油产品含水量超标，则石油产品的倾点、凝点和冷滤点会明显增高。

4. 测定石油产品倾点、凝点和冷滤点的意义

1）列入石油产品规格，作为石油产品生产、贮存和运输的质量检测标准。不同规格牌号的车用柴油对凝点、冷滤点都有具体规定（见相关标准）；润滑剂及有关产品的19类产品都选择性地对凝点、倾点做出了具体要求。

2）确定石油产品的使用温度。我国车用柴油按凝点分为5号、0号、-10号、-20号、

-35 号和-50 号六个牌号，见表 4-4。它们表示的意义略有差异。依此类推。要注意根据地区和气温的不同，选用不同牌号的石油产品，见表 4-5。变压器油按最低冷态投运温度（LCSET）不同分为 0℃、-10℃、-20℃、-30℃、-40℃ 五个品种，其倾点指标要求，见表 4-6。

表 4-4　车用柴油凝点及冷滤点指标

油品	牌号	凝点/℃ 不高于	冷滤点/℃ 不高于
车用柴油 （GB 19147—2016/ XG1—2018）	5 号	5	8
	0 号	0	4
	-10 号	-10	-5
	-20 号	-20	-14
	-35 号	-35	-29
	-50 号	-50	-44

表 4-5　车用柴油的选用

油　品	牌　号	适用条件
车用柴油 （GB 19147—2016/ XG1—2018）	5 号	最低气温大于 8℃ 的地区
	0 号	最低气温大于 4℃ 的地区
	-10 号	最低气温大于-5℃ 的地区
	-20 号	最低气温大于-14℃ 的地区
	-35 号	最低气温大于-29℃ 的地区
	-50 号	最低气温大于-44℃ 的地区

注：在车用柴油的适用温度条件中，均指风险率为 10% 的最低气温。

表 4-6　变压器油的倾点指标

油　品	最低冷态投运温度（LCSET）/℃	倾点/℃ 不高于
变压器油 （GB 2536—2011）	0	-10
	-10	-20
	-20	-30
	-30	-40
	-40	-50

对车用柴油而言，并不是在失去流动性的凝点温度时才不能使用，大量的行车及冷起动试验表明，其最低极限使用温度是冷滤点。冷滤点测定仪是模拟车用柴油在低温下通过过滤器的工作状况而设计的，因此冷滤点比凝点更能反映车用柴油的低温使用性能，它是保证车用柴油输送和过滤性的指标，并且能正确判断添加低温流动改进剂（降凝剂）后的车用柴油质量，一般冷滤点比凝点高 2~6℃（见相关标准）。为保证柴油发动机的正常工作，户外作业时通常选用凝点低于环境温度 7℃ 以上的柴油。

3）估计石蜡含量，指导石油产品生产。石蜡含量越多，石油产品越易凝固，倾点、凝点和冷滤点就越高，据此可估计石蜡含量，指导石油产品生产。润滑油基础油的生产需要通过脱蜡工艺除去高熔点组分，以降低其凝点，但脱蜡加工的生产费用高，通常控制脱蜡到一定深度后，再加入降凝剂使其凝点达到规定要求。高凝点直馏柴油一般采用添加低温流动改进剂或掺和二次加工柴油的办法来降低凝点。

此外，凝点还用于估计燃料油不经预热而能输送的最低温度，因此它是石油产品抽注、运输和贮存的重要指标。

4.2.2 倾点、凝点和冷滤点测定方法

1. 倾点的测定

石油和石油产品倾点的测定按 GB/T 3535—2006《石油产品倾点测定法》中的方法进行，该标准是按 ISO 3016：1994 制定的。标准规定了测定石油产品倾点的方法，同时也叙述了测定燃料油、重质润滑油基础油和含有残渣燃料组分的产品下倾点的试验步骤。其试验仪器装置与浊点试验仪器相同（见图 4-1）。在测定时将清洁的试样倒入试管中，按要求预热后，再按规定条件冷却，同时每间隔 3℃ 倾斜试管一次以检查试样的流动性，直到试管保持水平位置 5s 而试样无流动时，记录温度，再加 3℃ 作为试样能流动的最低温度，即为试样的倾点。取重复测定的两个结果的平均值作为试验结果。

2. 凝点的测定

石油产品凝点的测定按 GB/T 510—2018《石油产品凝点测定法》规定了石油产品凝点的测定方法。该标准适用于液体燃料（如柴油、生物柴油调合燃料）及润滑油等石油产品。该标准中自动微量凝点测定仪仅适用于不含添加剂柴油馏分样品的测定。

在测定时将试样装入规定的试管中，按规定的条件预热到 50℃±1℃，在室温中冷却到 35℃±5℃，然后将试管放入装好冷却剂的容器中。当试样冷却到预期的凝点时，将浸在冷却剂中的套管和试管组件倾斜 45°，保持 1min。此后，从冷却剂中取出套管，迅速用工业乙醇擦拭试管外壁，垂直放置仪器，并透过套管观察液面是否移动。然后，从套管中取出试管重新将试样预热到 50℃±1℃，按液面有无移动的情况，用比上次试验温度低或高 4℃ 的温度重新测定，直至能使液面位置静止不动而提高 2℃ 又能使液面移动时，则取液面不移动的温度作为试样的凝点。取重复测定的两个结果的算术平均值作为试样的凝点。

3. 冷滤点的测定

馏分燃料油冷滤点的测定按 NB/SH/T 0248—2019《柴油和民用取暖油冷滤点测定法》，该标准规定了使用手动仪器和自动仪器测定柴油和民用取暖油等产品冷滤点的方法。该标准适用于脂肪酸甲酯（FAME）、馏分燃料及合成柴油燃料，包括含有脂肪酸甲酯（FAME）、流动改进剂或其他添加剂，供柴油发动机和民用取暖装置使用的燃料。

试样在规定条件下冷却，通过 2kPa 可控的真空装置，使试样经标准滤网过滤器吸入吸量管。试样每低于前次温度 1℃，重复此步骤，直至试样中蜡状结晶析出量足够使流动停止或流速降低，记录试样充满吸量管的时间超过 60s 或不能完全流回试杯时的温度作为试样的冷滤点。

4.2.3 影响测定的主要因素

预热条件和冷却速度是影响测定倾点、凝点和冷滤点的主要因素。在不同的预热条件和

冷却速度下，石蜡在石油产品中的溶解程度、结晶温度、晶型结构及形成网状骨架的能力均不相同，可致使测定结果出现明显的误差。因此，试验时只有严格遵守操作规程，才能得到正确的具有可比性的数据。

4.3 试验

4.3.1 航空燃料冰点的测定（GB/T 2430—2008）

1. 试验目的

1）掌握航空燃料冰点的测定方法和操作技能。

2）了解冰点对石油产品生产及使用的重要性。

2. 仪器与试剂

（1）仪器 双壁玻璃试管（见图 4-2，在内外管之间充满常压、干燥的氮气或空气。管口用软木塞塞紧，将温度计和压盖插入软木塞内，搅拌器穿过压帽）；压帽（在低温试验时，为防止空气中湿气在样品管中冷凝，必须安装压帽。压帽紧密插入软木塞内，用脱脂棉填充黄铜管和搅拌器之间的空间）；防潮管（见图 4-3，防止湿气凝结）；搅拌棒（$\phi 1.6$mm

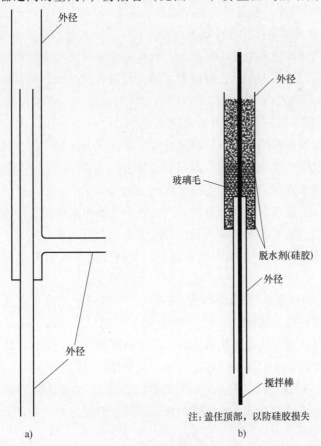

图 4-3 防潮管

a）A 型氮气防潮管 b）B 型改进型防潮管

的黄铜棒，下端弯成平滑的三圈螺旋状）；真空保温瓶（见图 4-2，能容纳所需体积的冷却液，并使双壁玻璃试管浸入规定的深度）；温度计（1 支，全浸式，温度范围 $-80\sim20\text{℃}$，符合 GB/T 514—2005《石油产品试验用玻璃液体温度计技术条件》中规定）。

（2）试剂　丙酮（化学纯）；乙醇（工业或化学纯）；异丙醇（工业或化学纯）；液氮（工业或化学纯）；干冰。

3. 方法概要

在规定的条件下，试样经过冷却出现结晶后，再使其升温，原来形成的烃类结晶消失时的最低温度即为试样的冰点。

4. 试验步骤

1）量取 $25\text{mL}\pm1\text{mL}$ 试样倒入清洁、干燥的双壁玻璃试管中。用带有搅拌器、温度计和防潮管（或压帽）的软木塞紧紧塞紧双壁玻璃试管，调节温度计位置，使感温泡不要触壁，并位于双壁玻璃试管的中心，温度计的感温泡距离双壁玻璃试管底部 $10\sim15\text{mm}$。

注意：在试验过程中，会出现双壁玻璃试管中的试样浸在冷却剂中形成的气泡干扰观测及试样的结晶会以各种各样的形式出现而难以辨认的情况。该试验要求实验室里光线明亮。有些结晶很模糊，光线不充足时，很难观察到。

2）夹紧双壁玻璃试管，使其尽可能深地浸入盛有冷却剂的真空保温瓶内（警告：易内爆）（见下面注意）。试样液面应在冷却剂液面下 $15\sim20\text{mm}$ 处。除非采用机械制冷来冷却，否则，在整个试验期间都需要不断添加干冰，以保持真空保温瓶中冷却剂的液面高度。

注意：冷却剂可以采用丙酮、乙醇或异丙醇，但所有这些试剂都要小心处理。对燃料冰点低于 -65℃ 的试样，液氮也可以替代干冰用作冷却剂，也可以使用机械制冷。

3）除观察时，整个试验期间要连续不断地搅拌试样，以 $1\sim1.5$ 次/s 的速度上下移动搅拌器，并要注意搅拌器的铜圈向下时不要触及双壁玻璃试管底部，向上时要保持在试样液面之下。在进行某些步骤的操作时，允许瞬间停止搅拌（见注意 1），不断观察试样，以便发现烃类结晶。由于有水存在的缘故，当温度降至接近 -10℃ 时，会出现云状物，继续降温时云状物不增加，可以不必考虑此类云状物。当试样中开始出现肉眼所能看见的晶体时，记录烃类结晶出现的温度。从冷却剂中移走双壁玻璃试管，允许试样在室温下继续升温，同时仍以 $1\sim1.5$ 次/s 的速度进行搅拌，继续观察试样，直到烃类结晶消失，记录烃类晶体完全消失时的温度。

注意 1：因为冷却剂释放的气体可能有碍视线，双壁玻璃试管可以从冷却剂中移出以便于观察。双壁玻璃试管移出的时间不超过 10s，如果结晶已经形成，记录这个温度。允许试样在室温下搅拌升温，温度应升至比晶体消失温度高至少 5℃，然后将此试样重新浸入冷却剂中冷却。在略高于此记录的温度时移出试样，观察结晶点。

注意 2：建议将结晶出现温度与结晶消失温度相比较。结晶出现的温度应低于结晶消失的温度。否则，说明结晶没有被正确观察识别，这两个温度之差一般不大于 6℃。

5. 报告

试验步骤中所测定的冰点观察值，应按标准中所述检定温度计的相应校正值来进行修正。如果冰点观察值在两个校正温度之间，使用线性内插法进行校正。报告校正后的结晶消失温度，精确到 0.5℃，并作为试样的冰点。

6. 精密度和偏差

按下述规则判断试验结果的可靠性（95%置信水平）。

1）重复性（r）　在同一实验室，同一操作者，使用同一仪器，对同一试样测得的两个试验结果之差不应大于 1.5℃。

2）再现性（R）　不同实验室的不同操作者，使用不同仪器对同一试样测得的两个试验结果之差不应大于 2.5℃。

4.3.2　石油产品倾点的测定（GB/T 3535—2006）

1. 试验目的

1）掌握石油产品倾点的测定方法和操作技能。

2）了解倾点对石油产品生产及使用的重要性。

2. 仪器与试剂

（1）仪器（见图 4-1）

1）试管：由平底、圆筒状的透明玻璃制成，内径为 30.0~32.4mm；外径为 33.2~34.8mm；高为 115~125mm；壁厚不大于 1.6mm。距试管内底部 54mm±3mm 处标有一条长刻线，表示内容物液面的高度。

2）温度计：局浸式，符合标准中附录 A 的要求。

3）软木塞：配试管用，塞的中心打有插温度计的孔。

4）套管：由平底圆筒状金属制成，不漏水，能清洗，内径为 44.2~45.8mm，壁厚约 1mm，高 115mm±3mm。套管在冷浴中应能维持直立位置，不能高出冷却介质 25mm。

5）圆盘：软木或毛毡制成厚约 6mm，直径与套管内径相同。

6）垫圈：由橡胶、皮革或其他适当的材料制成。环形，厚约 5mm，有一定的弹性，要求能紧贴住试管外壁，而套管内壁保持宽松。还要求垫圈要有足够的硬度，以保持其形状。

注意：环形垫圈的用途是防止试管与套管直接接触。

7）冷浴：其类型应适合于达到标准所规定的温度。冷浴的尺寸和形状是任意的，要能把套管紧紧地固定在垂直的位置。浴温应用合适的、浸入正确深度的温度计来监控。当测定倾点温度低于 9℃的石油产品时，需用两个或更多的冷浴。所需的浴温可以用制冷装置或合适的冷却剂来维持。冷浴的浴温要求维持在规定温度的±1.5℃范围内。

注意：一般常用的冷却剂，对石油产品的倾点温度低至：①9℃：冰和水（能用于制备标准中规定的 0℃浴）；②12℃：碎冰和氯化钠（能用于制备 4.（8）⊖中规定的-18℃浴）；③-27℃：碎冰和氯化钙（能用于制备 4.（8）中规定的-33℃浴）；④-57℃：二氧化碳和冷却剂（能用于制备 4.（8）中规定的-51℃和-69℃浴）。

8）计时器：测量 30s 的误差最大不能超过 0.2s。

———————————
⊖ 文中 4.（8）表示"4. 试验步骤（8）"，后文余同。

（2）试剂

1）氯化钠（NaCl）：结晶状。

2）氯化钙（CaCl$_2$）：结晶状。

3）二氧化碳（CO$_2$）：固体。

4）冷却剂：丙酮、甲醇或石脑油。

5）擦拭液：丙酮、甲醇或乙醇。

3. 概要

试样经预加热后，在规定的速率下冷却，每隔3℃检查一次试样的流动性。记录观察到试样能够流动的最低温度作为倾点。

4. 试验步骤

（1）将清洁的试样倒入试管中的刻线处。如果有必要试样可先在水浴中加热至流动，再倒入试管内。已知在试验前24h内曾被加热超过45℃的样品，或是不知其受热经历的样品，均需在室温下放置24h后，方可进行试验。

（2）用插有高浊点和高倾点用温度计的软木塞塞住试管，如果试样的预期倾点高于36℃，使用熔点用温度计。调整软木塞和温度计的位置，使软木塞紧紧塞住试管，要求温度计和试管在同一轴线上。让试样浸没温度计水银球，使温度计的毛细管起点浸在试样液面下3mm的位置。

（3）根据4.（4）或4.（5），将试管中的试样进行预处理。

（4）倾点高于-33℃的试样应按下述方法处理。

1）将试样在不搅拌的情况下，放入已保持在高于预期倾点12℃，但至少是48℃的浴中，将试样加热到45℃或高于预期倾点9℃（选择较高者）。

2）将试管转移到已维持在24℃±1.5℃的浴中。

3）当试样达到高于预期倾点9℃（估算为3℃的倍数）时，应按4.（7）规定检查试样的流动性。

4）如果当试样温度已达到27℃时，试样仍能流动，则小心地从浴中取出试管，用一块清洁且沾擦拭液的布擦试管外表面，然后将试管按4.（6）规定放在0℃的浴中。按4.（7）观察试样的流动性，并按4.（8）规定的程序进行冷却。

（5）倾点为-33℃和低于-33℃的试样应按下述方法处理。

1）试样在不搅动的情况下在48℃浴中加热至45℃，然后将其放在6℃±1.5℃浴中冷却至15℃。

2）当试样温度达到15℃时，小心地从水浴中取出试管，用一块清洁的、沾擦拭液的布擦拭试管外表面，然后取下高浊点和高倾点用温度计，换上低浊点和低倾点用温度计。按4.（6）规定将试管放在0℃浴中，再按4.（8）规定的步骤依次将试管转移到各低温浴中。

3）当试样温度达到高于预期倾点9℃时，按4.（7）观察试样的流动性。

（6）要保证圆盘、垫圈和套管的内壁是清洁和干燥的，并将圆盘放在套管的底部。在插入试管前，圆盘和套管应放入冷却介质中至少10min。将垫圈放在试管的外壁，离底部约25mm，并将试管插入套管。除24℃和6℃浴之外，其余情况都不能将试管直接放入冷却介质中。

（7）观察试样的流动性

1）从第一次观察温度开始，每降低3℃都应将试管从浴中或套管中取出（根据实际使用情况），将试管充分地倾斜以确定试样是否流动。取出试管、观察试样流动性和试管返回到浴中的全部操作要求不超过3s。

2）从第一次观察试样的流动性开始温度每降低3℃，都应观察试样的流动性。要特别注意不能搅动试样中的块状物，也不能在试样冷却至足以形成石蜡结晶后移动温度计。因为搅动石蜡中的多孔网状结晶物会导致偏低或错误的结果。

注意：在低温时，冷凝的水雾会妨碍观察，可以用一块清洁的布蘸与冷浴温度接近的擦拭液擦拭试管以除去外表面的水雾。

3）当试管倾斜而试样不流动时，应立即将试管放置于水平位置5s（用计时器测量），并仔细观察试样表面。如果试样显示任何移动，应立即将试管放回浴中或套管中（根据实际使用情况），待再降低3℃时，重新观察试样的流动性。

4）按此方式继续操作，直至将试管置于水平位置5s；试管中的试样不移动，记录此时观察到的温度计读数。

（8）如果温度达到9℃时试样仍在流动，则将试管转移到下一个更低温度的浴中，并按下述程序在-6℃、-24℃和-42℃时进行同样的转移。①当试样温度达到9℃时，移到-18℃浴中；②当试样温度达到-6℃时，移到-33℃浴中；③当试样温度达到-24℃时，移到-51℃浴中；④当试样温度达到-42℃时，移到-69℃浴中。

（9）对于测定那些倾点规格值不是3℃的倍数的石油产品，也可按下述规定进行测定。从试样温度高于倾点规格值9℃时开始检查试样的流动性，然后按4.（7）和4.（8）所述步骤以3℃的间隔观察试样，直到试样的规格值。报告试样通过或不通过规格值。

（10）对于燃料油、重质润滑油基础油和含有残渣燃料组分的产品，按4.（1）~4.（8）所述步骤测定得到的结果是试样的上（最高）倾点。如需要测定试样的下（最低）倾点，可在搅动的情况下，先将试样加热至105℃，然后再倒入试管中，按4.（2）~4.（8）所述步骤测定试样的下（最低）倾点。

（11）如果使用自动倾点测定仪，要求用户严格遵循生产厂家仪器的校准、调整和操作说明书的规定。由于自动倾点测定仪的精密度尚未确定，因此，在发生争议时，应按标准中所述的手动方法作为仲裁试验的方法。

5. 结果表示

在4.（7）.4和4.（10）记录得到的结果上加3℃，作为试样的倾点或下倾点（根据实际使用情况），取重复测定的两个结果的平均值作为试验结果。

6. 精密度

按下述规定判断试验结果的可靠性（95%的置信水平）。

（1）重复性（r）　同一操作者，使用同一仪器，用相同的方法对同一试样测得的两个连续试验结果之差不应大于3℃。

（2）再现性（R）　不同操作者使用不同仪器，用相同的方法对同一试样测得的两个试验结果之差不应大于6℃。

4.3.3 石油产品凝点的测定（GB/T 510—2018）

1. 试验目的

1）掌握石油产品凝点的测定方法和操作技能。

2）了解凝点对石油产品生产及使用的重要性。

2. 仪器与试剂

（1）手动凝点测定仪　圆底透明玻璃试管（1 支，高度 160mm±10mm，内径 20mm±1mm，在距管底 30mm 的外壁处有一环形标线）；圆底玻璃套管（高度 130mm±10mm，内径 40mm±2mm）；冷却浴（温度能控制在规定温度的±1℃以内，盛放冷却剂用的容器或其他合适的装置，高度不小于 160mm，容积能满足使用需要）；温度计（符合 GB/T 514—2005《石油产品试验用玻璃液体温度计技术条件》规定的 GB 30 号、GB 31 号、GB 32 号要求）；支架（用于固定试管、套管和温度计）。

（2）自动微量凝点测定仪（仅适用于不含添加剂的柴油馏分样品）

1）进样系统：手动进样或自动进样，可将一定量的试样加入检测室。

2）制冷系统：为检测室提供冷源，控温精度为±0.1℃。

3）检测室：由保温层、温度传感器、检测室等部分组成，控温精度为 0.1℃。

4）微计算机：显示、控制试验过程，对试验结果进行判断和处理。

（3）试剂　无水乙醇（化学纯）；无水硫酸钠（化学纯）；无水氯化钙（化学纯）；冷却剂（工业乙醇、干冰、液氮等，能够将样品冷却至试验规定温度的任何液体或材料）。

3. 方法概要

将装在规定试管中的试样冷却到预期温度时，倾斜试管 45°，保持 1min，观察液面是否移动。以液面不移动时的最高温度作为试样的凝点。

4. 试验准备

（1）样品准备

1）试验开始前应先摇匀试样，无水试样可直接开始试验，含水试样需要先进行脱水。但在产品质量验收或仲裁试验时，只要试样的水分含量在产品标准允许的范围之内，可直接开始试验。

2）可按照规定的要求对试样进行脱水，但对于含水较多的试样应先静置，再取其澄清部分来进行脱水。

3）对于容易流动的试样，脱水处理是在试样中加入新煅烧的无水硫酸钠或小粒状无水氯化钙，然后振荡混合试样 10~15min，静置后用干燥的滤纸过滤，取过滤后的澄清部分进行试验。

4）对于黏稠的试样，脱水处理是将试样预热到不高于 50℃，再经食盐层过滤。食盐层的制备要求如下，即先在漏斗中放入金属网或少许脱脂棉，然后再铺上新煅烧的粗食盐结晶。试样含水多时可能需要经过 2~3 个漏斗的食盐层过滤。

（2）手动凝点测定仪的准备

1）制备含有干冰的冷却浴时，可在一个装冷却剂的容器中加入无水乙醇，注满到容器内部深度的 2/3 处。然后将细块干冰放进搅拌着的无水乙醇中，再根据要求的温度下降程度，逐渐增加干冰的用量，每次加入干冰时，应注意搅拌，不使无水乙醇外溅或溢出。应在冷却剂不再剧烈冒出气体之后，再添加无水乙醇达到需要的高度。如使用其他冷却剂或材料应注意相关的安全事项。在使用压缩机制冷装置时应先将冷却剂注入至冷却浴的合适位置。

2）在干燥、清洁的试管中注入试样至环形标线处。用软木塞将温度计固定在试管中，使温度计感温泡底部距离试管底部 8~10mm。

3）将装有试样和温度计的试管，垂直地浸入 50℃±1℃ 的水浴中加热，直至试样的温度达到 50℃±1℃ 为止。

（3）自动微量凝点测定仪的准备　按照自动微量凝点测定仪说明书的要求进行仪器准备。

5. 试验步骤

（1）手动仪器

1）当试样温度达到 50℃±1℃ 时，从水浴中取出装有试样和温度计的试管，擦拭试管外壁并将试管牢固地装入套管中，应保证试管外壁与套管内壁各点距离相等。

2）将套管和试管组件垂直定在支架上，并放在室温下静置，直至试样冷却至 35℃±5℃，然后将此组件浸入准备好的冷却溶中。冷却浴的温度应比试样的预期凝点低 7~8℃，套管和试管组件浸入冷却剂的深度应不少于 70mm。

3）当试样温度冷却到预期的凝点时，将浸在冷却浴中的套管和试管组件倾斜，倾斜至与水平成 45°，并保持 1min，此时要求其中的试样仍要浸没在冷却剂内。

4）从冷却浴中小心取出套管和试管组件，迅速用无水乙醇擦拭套管外壁，垂直放置，并透过套管观察试管里面的液面是否有移动的迹象。

注意：当测定凝点低于 0℃ 的试样时，为便于观察，试验前可在套管底部加入 1~2mL 的无水乙醇。

5）当试样液面位置有移动时，从套管中取出试管，并将试管重新预热至试样达到 50℃±1℃，然后用比上次试验温度低 4℃ 或其他更低的温度重新进行测定，直至某试验温度能使试样液面停止移动为止。

注意：当试验温度低于-20℃ 时，重新测定前将装有试样和温度计的试管放在室温中，待试样温度升到-20℃，再将试管浸在水浴中加热。

6）当试样液面的位置没有移动时，从套管中取出试管，并将试管重新预热至试样达到 50℃±1℃，然后用比上次试验温度高 4℃ 或其他更高的温度重新进行测定，直至某试验温度能使试样液面有移动为止。

7）找出凝点的温度范围（即液面位置从移动到不移动或从不移动到移动的温度范围）之后，选择比试样能够移动的温度低 2℃，或比试样不能移动的温度高 2℃，重新进行试验。如此重复试验，直至确定某试验温度能使试样液面停止移动而升高 2℃ 试样液面又能够移动时，取试样液面不移动的温度，作为试样的凝点。

8）如果需要检查试样的凝点是否符合规格值，应在比规格值高 1℃ 下进行试验，此时若试样液面能够移动，则认为试样的凝点符合规格值。

（2）自动微量凝点测定仪（仅适用于不含添加剂的柴油馏分样品）

1）用手动进样或自动进样的方式，取一定量的试样，按照自动微量凝点测定仪的说明书选择合适试验程序开始试验。重复试验时应更换新的试样。

2）按照自动微量凝点测定仪上的显示结果，记录或打印最终试验结果，作为试样的凝点。

注意：进样前先用空气将上次试验的残留试样全部顶出，再用待测试样清洗进样管，然后开始进样，要确保进样管被试样全部充满且没有气泡（气泡的存在会影响试验结果的稳定性）。不建议使用任何有机溶剂清洗进样管。

6. 结果报告

1）取重复测定两个试验结果的算术平均值作为试样的凝点。

2）手动凝点测定仪应按照5.（1）.7[⊖]的要求报告试样的凝点，结果精确至1℃。

3）自动量凝点测定仪应按照5.（2）.2的要求报告试样的凝点，结果精确至0.1℃。

4）如有争议，仲裁试验以手动仪器的凝点试验结果为准。

7. 精密度和偏差

（1）手动凝点测定仪的精密度　按照下述规定判断试验结果的可靠性（95%置信水平）。

1）重复性（r）。同一操作者，在同一实验室，使用同一仪器，按照相同的方法，对同一试样进行连续测定得到的两个试验结果之差不应超过2℃。

2）再现性（R）。不同操作者，在不同实验室，使用不同的仪器，按照相同的方法，对同一试样分别进行测定得到的两个单一、独立试验结果之差不应超过4℃。

（2）自动微量凝点测定仪的精密度　（仅适用于不含添加剂的柴油馏分样品）。

1）重复性（r）。同一操作者，在同一实验室，使用同一仪器，按照相同的方法，对同一试样进行连续测定得到的两个试验结果之差不应超过1.0℃。

2）再现性（R）。不同操作者，在不同实验室，使用不同的仪器，按照相同的方法，对同一试样分别进行测定得到的两个单一、独立试验结果之差不应超过2.4℃。

⊖ 文中5.（1）.7表示"5.试验步骤（1）手动仪器 7）找出凝点的温度范围"，后文余同。

第 **5** 章

石油产品燃烧性能的测定

石油产品绝大部分会作为燃料来使用，从数量上看，燃料油占全部油产品的90%以上，其中又以汽油发动机、柴油发动机及喷气式发动机等发动机燃料占主要地位。这些发动机都是以液体石油燃料为动力而运转的。燃烧性能是评价燃料石油产品的重要指标。所谓燃烧性能就是指燃料是否具有较高的热值，在发动机工作状况下能否充分燃烧并提供更高的有效功率的能力。燃料能否充分燃烧要从发动机的结构、工作状况、空气的合理供应、石油产品的物理性质和化学组成等多方面考虑。本章主要从发动机的使用条件出发，介绍评定发动机燃料燃烧性的标准及其试验方法。

5.1 汽油的抗爆性

5.1.1 汽油抗爆性及其测定意义

1. 汽油机的爆震现象

（1）汽油机工作原理 汽油机又称点燃式发动机或汽化器式发动机，它是用电火花点燃油气混合气而膨胀做功的机械。汽油机的原理构造如图5-1所示，其工作过程包括以下四个步骤，简称四冲程。

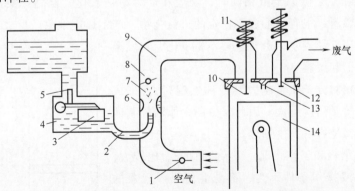

图 5-1 汽油机的原理构造

1、8—节气阀 2—导管 3—浮子 4—浮子室 5—针阀 6—喷嘴 7—喉管
9—混合室 10—进气阀 11—弹簧 12—排气塞 13—火花塞 14—活塞

1）吸气。进气阀打开，活塞自气缸顶部的上止点向下运动，气缸压力逐渐降至70~90kPa，使空气由喉管以70~120m/s的高速吸入混合室，同时被吸入的汽油经过导管、喷嘴在喉管处与空气混合，进入混合室。在混合室中汽油开始汽化，进入气缸后吸收余热进一步汽化。当活塞运行至下止点时，进气阀关闭。此时混合气温度为80~130℃。

2）压缩。活塞自下止点向上运动，混合气被压缩，压力和温度随之升高。通常压缩终温可达300~450℃，压力可达0.7~1.5MPa。

3）膨胀做功。当活塞运动接近上止点时，电火花塞开始打火，点燃油气与空气的混合气。火焰传播速度约为20~50m/s，压力可达2.4~4.0MPa，最高温度为2000~2500℃，高温高压燃气推动活塞向下运动，通过连杆带动曲轴旋转对外做功。

4）排气。活塞运行到下止点，燃烧膨胀做功行程结束，活塞依靠惯性又向上运行，排气阀打开，排出燃烧废气。

以上四个冲程构成汽油机一个工作循环，如此周而复始，循环不止，工作不止。一般汽油机都有四个或六个气缸，并按一定顺序组合进行连续工作。

（2）汽油机的爆震现象　在正常情况下，当汽油蒸气和空气的混合气体在气缸中被压缩时，温度也随之上升，一经电火花点燃，便以火花为中心，逐层燃烧，平稳地向未燃区传播，火焰速度约为20~50m/s。此时，气缸内的温度、压力变化均匀，活塞被均匀地推动，发动机处于良好的工作状态。但是，当使用燃烧性能差的汽油时，油气混合物被压缩点燃后，在火焰未传播到的地方，就已经生成了大量不稳定的过氧化物，并形成了多个燃烧中心，同时自行猛烈爆炸燃烧，使火焰传播速度剧增至1500~2500m/s。这样高速的爆炸燃烧，产生了强大的冲击波，猛烈撞击活塞头和气缸，发出金属敲击声，称为汽油机的爆震。

当汽油机发生爆震时，火焰速度极快，瞬间掠过，使燃料来不及充分燃烧便被排出气缸，形成黑烟，因而造成功率下降，油耗增大。同时受高温高压的强烈冲击，发动机很容易损坏，可导致活塞顶或气缸盖撞裂、气缸剧烈磨损及气缸门变形，甚至连杆折断，迫使发动机停止工作。

2. 影响点燃式发动机爆震的因素

（1）燃料性质　当碳原子数相同时，烷烃和烯烃易被氧化，自燃点最低。若使用含烷烃、烯烃较多的燃料，很容易形成不稳定的过氧化物，产生爆震现象。反之，如果燃料含异构烷烃、芳烃和环烷烃较多，由于它们不易氧化，自燃温度较高，就不易引起爆震。

同类烃中，相对分子质量越大（或沸点越高），形成不稳定过氧化物的倾向就越大。因此，由同一原油炼制的汽油，馏分越重，越容易发生爆震。

（2）发动机结构和工作状况　发动机的压缩比较大，气缸壁温度过高或操作条件不当，都易促使爆震现象的发生。

1）压缩比。压缩比是指活塞在下止点时的气缸容积（V_1）与在上止点时的气缸容积（V_2）的比值（见图5-2）。

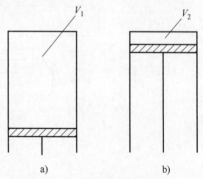

图5-2　进气和压缩时气缸的容积

a）活塞至下止点　b）活塞至上止点

通常，提高压缩比，混合气体被压缩的程度增大，可提高发动机的功率，降低油耗（见表5-1）。但是压缩比越大，压缩后混合气的温度和压力越高，有利于过氧化物的生成和积累，反而易发生爆震。因此，不同压缩比的发动机，必须使用抗爆性与其相匹配的汽油，才能提高发动机的功率而不会产生爆震现象。目前汽车发动机正朝着增大压缩比的方向发展，这就要求生产出更多抗爆性能好（辛烷值高）的汽油。

表 5-1 发动机的压缩比、耗油量及功率的关系

压缩比	耗油/（%）	功率/（%）	要求汽油辛烷值（MON）
6	100	100	66
7	93	108	75
8	88	113	88
9	85	117	95
10	82	120	98

2）发动机的操作条件。气缸内油气与空气的混合程度可用空气过剩系数（a）表示，空气过剩系数是指燃烧过程中实际供给空气量和理论需要空气量之比。在 a 为 0.8~0.9 时，最易爆震；在 a 为 1.05~1.15 时，不易爆震，且功率大；气缸进气的温度和压力增高，爆震倾向增大；冷却水温度升高，爆震趋势增大；发动机转速增大，爆震减弱。总之，凡是能促进汽油自燃的因素，如气缸内温度、压力的增大等，均能加剧爆震；凡是能促进汽油充分汽化、燃烧完全的因素，均能减缓爆震现象。

3. 测定汽油抗爆性的意义

1）划分车用汽油牌号。汽油的抗爆性就是指汽油在发动机气缸内燃烧时抵抗爆震的能力。抗爆性能好的汽油，使用时不易发生爆震，其燃烧状态好。汽油的抗爆性用辛烷值来评定，辛烷值越高，汽油的抗爆性越好，使用时可允许发动机在更高的压缩比下工作，这样可以大大提高发动机功率，降低燃料消耗。辛烷值是在标准试验条件下，将汽油试样与已知辛烷值的标准燃料（或称参比燃料）在爆震试验机上进行比较，如果爆震强度相当，则标准燃料的辛烷值即为被测汽油的辛烷值。标准燃料是由抗爆性能很高的异辛烷（2，2，4-三甲基戊烷，其辛烷值规定为100）和抗爆性能很低的正庚烷（其辛烷值规定为0）按不同体积分数配制而成的。标准燃料的辛烷值就是燃料中所含异辛烷的体积分数。

我国车用无铅汽油（GB 17930—2016）按研究法将辛烷值分为90号、93号和97号三个牌号，航空活塞式发动机燃料（GB 1787—2018）根据马达法辛烷值不同分为75号、UL91号、95号、100号和100LL号五个牌号，其中"UL"代表无铅，"LL"代表低铅。

2）评价汽油质量，指导石油产品生产。辛烷值是汽油最重要的质量指标。为了满足汽油的使用要求，成品油必须严格按指标控制生产。实际上，由原油直接蒸馏得到的汽油远远满足不了使用要求，只能称为半成品。例如，直馏汽油特别是石蜡基原油的直馏汽油其辛烷值最低，一般为40~60；催化裂化汽油的辛烷值较高，也仅为78左右。因此，要想达到成品油的规格标准，必须了解应该添加哪些理想组分。

汽油的辛烷值和汽油的化学组成有关。在碳原子数相同的烃类中，正构烷烃的辛烷值最

低，高度分支的异构烷烃和芳香烃辛烷值最高，环烷烃和烯烃居中。在无抗爆剂情况下测定的辛烷值，可以大致判断汽油的主要成分。通常，同一原油加工出来的汽油其辛烷值按直馏汽油、催化裂化汽油、催化重整汽油、烷基化汽油的顺序依次升高。这是由于催化汽油含较多的烯烃、异构烷烃和芳烃，重整汽油含较多的芳烃，而烷基化汽油几乎是100%的异构烷烃所致。为了适应发动机在不同转速下的抗爆要求，优质汽油应含有较多异构烷烃。异构烷烃不但辛烷值高，抗爆性能好，而且敏感性低，发动机运行稳定，因此是汽油中理想的高辛烷值组分。

5.1.2 汽油抗爆性的测定方法

1. 车用汽油抗爆性的测定方法

（1）马达法辛烷值 辛烷值的测定都是在标准单缸发动机中进行的。马达法辛烷值是在 900r/min 的发动机中测定的，用以表示点燃式发动机在重负荷条件下及高速行驶时汽油的抗爆性能。马达法辛烷值目前仍是我国航空汽油的质量指标。

（2）研究法辛烷值 研究法辛烷值是发动机在 600r/min 条件下测定的，它表示点燃式发动机低速运转时汽油的抗爆性能。测定研究法辛烷值时所用的辛烷值试验机与马达法辛烷值基本相同，只是进入气缸的混合气未经预热，温度较低。研究法所测结果一般比马达法高出 5~10 个辛烷值单位。

目前研究法测定车用汽油辛烷值已被确定为国际标准方法，我国车用汽油抗爆性能已采用研究法表示。研究法和马达法所测辛烷值可用式（5-1）近似换算。

$$MON = RON \times 0.8 + 10 \tag{5-1}$$

式中 MON——马达法辛烷值；

RON——研究法辛烷值。

研究法辛烷值和与马达法辛烷值之差称为汽油的敏感性。它反映了汽油抗爆性随发动机工作状况剧烈程度的加大而降低的情况。就实际应用而言，汽油的敏感性低些有利，敏感性越低，发动机的工作稳定性越高。敏感性的高低取决于石油产品的化学组成，通常烃类的敏感性顺序为：

烯烃>芳烃>环烷烃>烷烃

根据化学组成的不同，不同来源的汽油其敏感性相差很大。例如，以芳烃为主的重整汽油，敏感性一般为 8~12；烯烃含量较高的催化裂化汽油，敏感性一般为 7~10；以烷烃为主的直馏汽油，敏感性一般为 2~5。

（3）道路法辛烷值 马达法辛烷值和研究法辛烷值都是在实验室中用单缸发动机在规定条件下测定的，它不能完全反映汽车在道路上行驶时的实际状况。为此，一些国家采用行车法来评价汽油的实际抗爆能力，称为道路法辛烷值。它是在一定温度下，用多缸汽油机进行辛烷值测定的一种方法。在实际应用中，大多采用经验公式计算道路法辛烷值。

$$MUON = 28.5 + 0.431RON + 0.311MON - 0.04\varphi_A \tag{5-2}$$

式中 $MUON$——道路法辛烷值；

φ_A——烯烃体积分数（%）。

其他符号意义与式（5-1）相同。按式（5-2）计算的道路法辛烷值，其数值介于马达法辛烷值与研究法辛烷值之间。目前道路法辛烷值还未列入我国汽油的评定指标。

（4）抗爆指数 与道路法辛烷值相似，抗爆指数是又一个反映车辆在行驶时的汽油抗爆性能指标，又称为平均实验辛烷值。

$$ONI = \frac{MON + RON}{2} \tag{5-3}$$

式中 ONI——抗爆指数。

其他符号意义与式（5-1）相同。目前，我国车用无铅汽油已对抗爆指数指标提出了明确的要求。

2. 航空汽油抗爆性的测定方法

航空汽油对抗爆性的要求非常严格，规定用马达法辛烷值和品度值两个指标表示。

航空汽油的辛烷值表示发动机在贫油混合气（过剩空气系数 a 为 0.8~1.0）下工作，即飞机巡航时燃料的抗爆性。品度值是航空汽油在富油混合气（a 为 0.7~0.8）下，无爆震工作时发出的最大功率与异辛烷在同样条件下发出的最大功率之比，它表示飞机在起飞和爬高时燃料的抗爆性。品度值和辛烷值（马达法辛烷值 100 以上）可按 GB/T 503—2016/XG1—2017 中的表格进行换算，也可用式（5-4）换算

$$MPN = 100 + 3(MON - 100) \tag{5-4}$$

式中 MPN——马达法品度值。

我国采用"辛烷值/品度值"表示航空汽油 GB 1787—2018 的牌号，如 RH-95/130 表示马达法辛烷值不低于 95，品度值不低于 130。

5.1.3 汽油辛烷值测定方法

1. 马达法辛烷值

马达法辛烷值的测定按 GB/T 503—2016XG1—2017《汽油辛烷值的测定 马达法》国家标准第 1 号修改单中的方法进行。

测定点燃式发动机燃料的马达法辛烷值，要求使用标准的试验发动机在规定的运转条件下，使用专用的电子爆震仪器系统进行测量。将试样与已知辛烷值的正标准混合燃料的爆震特性进行比较，调整发动机的压缩比和试样的燃空比使其生产标准爆震强度。在标准爆震强度操作表中列出了压缩比和辛烷值的对应关系，试样和正标准燃料的最大爆震强度均通过调节燃空比得出。最大爆震强度下的燃空比可通过下述方法得到：

①逐步增加或减少混合气浓度，观察每步的平衡爆震强度值，然后选择达到最大爆震值时的燃空比；②以恒定的速度将混合气浓度从贫油状态调整到富油状态或从富油状态调整到贫油状态，选择最大爆震强度。

马达法辛烷值的测定方法可以采用内插法或压缩比法：

（1）内插法 根据操作表对发动机进行调整使其在标准爆震强度下运转。调节试样的燃空比使爆震强度达到最大值，然后调整气缸高度得到标准爆震强度。不改变气缸高度，选择两种正标准燃料，调整它们的燃空比使其分别达到最大爆震强度，其中一个爆震较试样剧

烈（爆震强度大），另一个爆震较试样缓和（爆震强度小）。使用内插法通过平均爆震强度读数值之差计算试样的辛烷值。方法要求所用的气缸高度应在操作表规定的范围内。

（2）压缩比法　从操作表中查到选定的正标准燃料辛烷值对应的气缸高度，调整发动机确定标准爆震强度。在稳态条件下调节燃空比使试样爆震强度达到最大，再调节气缸高度产生标准爆震强度。为确保试验条件正常，再次确认校正过程及试样的测定结果。最后根据平均气缸高度读数（经大气压补偿）查表得出辛烷值。试验要求试样辛烷值与用于校正发动机的正标准混合燃料辛烷值在规定范围内。

试样在特定操作条件下，由一个经标准化的单杠、四冲程、可变压缩比的合作燃料研究组织（CFR）化油器发动机完成测试。由不同辛烷值的正标准燃料的容积组成，表示辛烷值。将试样的爆震强度与一种或多种不同辛烷值正标准燃料的爆震强度进行比较，与试样爆震强度相吻合的正标准燃料的辛烷值即为试样的马达法辛烷值。

2. 研究法辛烷值

研究法辛烷值是按 GB/T 5487—2015/XG1—2017《汽油辛烷值测定法（研究法）》国家标准第 1 号修改单中的方法进行。

测定点燃式发动机燃料的研究法辛烷值，应使用标准的试验发动机在规定的运转条件下，使用专用的电子爆震仪器系统进行测量。将试样与已知辛烷值的正标准混合燃料的爆震特性进行比较，调整发动机的压缩比和试样的燃空比使其生产标准爆震强度。在标准爆震强度操作表中列出了压缩比和辛烷值的对应关系，试样和正标准燃料的最大爆震强度均通过调节燃空比得出。最大爆震强度下的燃空比可通过下述方法得到：

①逐步增加或减少混合气浓度，观察每步的平衡爆震强度值，然后选择达到最大爆震值时的燃空比；②以恒定的速度将混合气浓度从贫油状态调整到富油状态或从富油状态调整到贫油状态，选择最大爆震强度。

研究法辛烷值的测定方法可以采用内插法或压缩比法：

（1）内插法　根据操作表对发动机进行调整使其在标准爆震强度下运转。调节试样的燃空比使爆震强度达到最大值，然后调整气缸高度得到标准爆震强度。不改变气缸高度，选择两种正标准燃料，调整它们的燃空比使其分别达到最大爆震强度，其中一个爆震较试样剧烈（爆震强度大），另一个爆震较试样缓和（爆震强度小）。使用内插法通过平均爆震强度读数值之差计算试样的辛烷值。方法要求所用的气缸高度应在操作表规定的范围内。

（2）压缩比法　从操作表中查到选定的正标准燃料辛烷值对应的气缸高度，调整发动机以确定标准爆震强度。在稳态条件下调节燃空比使试样爆震强度达到最大，再调节气缸高度产生标准爆震强度。为确保试验条件正常，再次确认校正过程及试样的测定结果。最后根据平均气缸高度读数（经大气压补偿）查表得出辛烷值。试验要求试样的辛烷值与用于校正发动机的正标准混合燃料辛烷值在规定范围内。

试样在特定操作条件下，由一个经标准化的单杠、四冲程、可变压缩比的 CFR 化油器发动机完成测试。由不同辛烷值的正标准燃料的容积组成，表示辛烷值。将试样的爆震强度与一种或多种不同辛烷值正标准燃料的爆震强度进行比较，与试样爆震强度相吻合的正标准燃料的辛烷值即为试样的研究法辛烷值。

由上述可见，研究法与马达法测定辛烷值使用设备相同，其测定原理、方法基本相同。马达法辛烷值测定条件较苛刻，发动机转速为900r/min，进气温度为149℃。它反映汽车在高速、重负荷条件下行驶的汽油抗爆性。而研究法辛烷值测定条件缓和，转速为600r/min，进气温度为室温。对同一种汽油，其研究法辛烷值比马达法辛烷值高约0~15个单位，两者之间的差值称敏感性或敏感度。

目前国际上常用的测试大多以马达法和研究法为主，国内不管是国检还是商检机构都以研究法为主，马达法仅作参考。

5.2　柴油的着火性

5.2.1　柴油着火性及其测定意义

1. 柴油机的粗暴现象

（1）柴油机的工作原理　柴油机和汽油机都属于活塞式内燃发动机，按工作过程不同，柴油机分为四冲程和二冲程两类，现以常见的四冲程发动机为例（见图5-3），说明其工作过程。

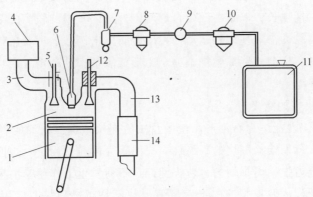

图5-3　柴油机原理构造

1—活塞　2—气缸　3—进气管　4—空气滤清器　5—进气阀　6—喷油嘴　7—高压油泵

8—细滤清器　9—输油管　10—粗滤清器　11—油箱　12—排气阀　13—排气管　14—消声器

1）吸气。气缸活塞自气缸顶部向下运动，进气阀打开，空气经由空气滤清器被吸入气缸，当活塞到达下止点时，进气阀关闭。有些柴油机装有空气增压鼓风机，以增加空气进入量和压力，提高柴油的经济性。

2）压缩。活塞自下止点向上运动，压缩吸入的空气，由于压缩是在接近绝热状态下进行的，空气的温度和压力急剧上升，在压缩终了时，温度可达500~700℃，压力可达3.5~4.5MPa。

3）膨胀做功。当活塞快接近上止点时，柴油先后经过粗、细滤清器、高压油泵及喷油嘴以雾状喷入气缸。此时气缸内的空气温度已超过柴油的自燃点，因此柴油迅速汽化，与空气混合并自燃，燃烧温度高达1500~1200℃，压力升至4.6~12.2MPa。高温气体迅速膨胀，推动活塞向下运动做功。

4）排气。活塞向下运动到达下止点后，由于惯性作用，会再次向上运动，此时排气阀打开，排出废气，完成一个工作循环。再进入吸气行程，继续下一个循环。

从上述四个冲程可见，柴油机的工作过程与汽油机既相似又有本质区别，因此对燃料的性质要求也必然有着本质的不同。首先，柴油机吸入与压缩的是空气，而不是空气与燃料的混合气体，不受燃料性质的影响，因此压缩比可以尽可能地增大（可高达 16~24），使燃料转化为功的效率显著提高，实际上柴油机燃料的单位消耗率比汽油机约低 30%~70%，非常经济。其次，汽油机是靠电火花点燃的，故称为点燃式发动机，它要求燃料的燃点要低，自燃点要高；柴油机是由喷入气缸的燃料靠自燃而膨胀做功的，因此柴油机又称为压燃式发动机，它要求燃料有较低的自燃点。

（2）柴油机的粗暴现象　从上述柴油机的工作原理可知，柴油机压缩行程至活塞接近上止点时，燃料即以雾状喷入并迅速汽化和氧化，氧化过程逐渐加剧，直至着火燃烧，开始膨胀做功。从喷油器开始喷油到燃料自燃着火这段时间，称为着火滞后期（或称为滞燃，用曲轴旋转角度表示）。着火滞后期很短，不同燃料的着火滞后期从百分之几秒到千分之几秒，但它对柴油机工作状况的影响却非常大。在正常情况下，柴油的自燃点较低，着火滞后期短，燃料着火后，边喷油、边燃烧，发动机工作平稳，热功效率高。但是，如果柴油的自燃点高，则着火滞后期增长，以致在开始自燃时，气缸内积累的较多的柴油会同时自燃，温度和压力将剧烈增高，冲击活塞剧烈运动而发出金属敲击声，这种现象称为柴油机的工作粗暴。柴油机工作粗暴同样会使柴油燃烧不完全，形成黑烟，油耗增大，功率降低，并使机件磨损加剧，甚至损坏。

2. 测定柴油着火性的意义

1）判断柴油燃烧性能，为石油产品使用及质检提供依据。柴油的着火性就是指柴油的自燃能力，换言之，就是柴油燃烧的平稳性。柴油着火性通常用十六烷值表示，一般十六烷值高的柴油，自燃能力强，燃烧均匀，着火性好，不易发生工作粗暴的现象，发动机热功效率提高，使用寿命延长。但是柴油的十六烷值也并不是越高越好，使用十六烷值过高（如十六烷值大于 65）的柴油同样会形成黑烟，燃料消耗量反而会增加，这是因为燃料的着火滞后期太短，自燃时还未与空气混合均匀，致使燃烧不完全，部分烃类会因热分解而形成黑烟；另外，柴油的十六烷值过高，还会减少燃料的来源。因此，从使用性和经济性两方面考虑，使用十六烷值适当的柴油才合理。

不同转速的柴油机对柴油十六烷值的要求是不同的，研究表明，转速大于 1000r/min 的高速柴油机，使用十六烷值为 40~50 的柴油为宜；转速低于 1000r/min 的中、低速柴油机，可以使用十六烷值为 30~40 的柴油，我国国家标准 GB 19147—2016/XG1—2018 中有相应规定。

2）了解柴油着火性与化学组成的关系，指导石油产品生产。柴油着火性的好坏与其化学组成及馏分组成密切相关。试验表明，相同碳原子数的不同烃类，正构烷烃的十六烷值最高，无侧链稠环芳烃的十六烷值最低，正构烯烃、环烷烃、异构烷烃居中；烃类的异构化程度越高，环数越多，其十六烷值越低；芳烃和环烷烃随侧链长度的增加，其十六烷值增加，而随侧链分支的增多，十六烷值显著降低；对相同的烃类来说，相对分子质量越大，热稳定性越差，自燃点越低，十六烷值越高。

以石蜡基原油生产的柴油，其十六烷值高于环烷基原油生产的柴油，这是由于前者含有较多的烷烃，而后者含有较多的环烷烃所致（见表5-2）。由相同类型原油生产的柴油，直馏柴油的十六烷值要比催化裂化、热裂化及焦化生产的柴油高，其原因就在于化学组成发生了变化，催化裂化柴油含有较多芳烃，热裂化和焦化柴油含有较多烯烃，因此十六烷值有所降低。经过加氢精制的柴油，由于其中的烯烃转变为烷烃，芳烃转变为环烷烃，故十六烷值明显提高。

表 5-2　不同类型原油的直馏柴油和二次加工柴油的十六烷值比较

柴油来源	十六烷值	柴油来源	十六烷值
大庆油田的催化裂化柴油	46~49	玉门油田的专用柴油	66
大庆油田的直馏柴油	67~69	孤岛油田的直馏柴油	33~36
大庆油田的延迟焦化柴油	58~61	孤岛油田的催化柴油	25~27
大庆油田的热裂化柴油	56~59	孤岛油田的催化加氢柴油	30~35

为提高柴油的着火性能，可将十六烷值低的热裂化、焦化柴油和部分十六烷值较高的直馏柴油掺和使用，此即柴油的调合。此外还可以加入添加剂，以提高柴油的十六烷值，常用的添加剂是硝酸烷基酯。

5.2.2　柴油着火性的测定方法

1. 十六烷值

十六烷值是评定柴油着火性的指标之一。它是在规定操作条件的标准发动机试验中，将柴油试样与标准燃料进行比较测定，当两者有相同的着火滞后期时，标准燃料的正十六烷值即为试样的十六烷值。

标准燃料是用着火性能好的正十六烷和着火性能较差的七甲基壬烷按不同体积比配制的混合物。规定正十六烷的十六烷值为100，七甲基壬烷的十六烷值为15。例如，某试样规定试验比较测定，其着火滞后期与含正十六烷体积分数为48%、七甲基壬烷体积分数为52%的标准燃料相同，则该试样的十六烷值可按式（5-5）计算

$$CN = \varphi_1 + 0.15\varphi_2 \tag{5-5}$$

式中　CN——标准燃料的十六烷值；

　　　φ_1——正十六烷的体积分数（%）；

　　　φ_2——七甲基壬烷的体积分数（%）。

2. 十六烷指数

十六烷指数是表示柴油着火性能的一个计算值，它是用来预测馏分燃料的十六烷值的一种辅助手段，其计算按 GB/T 11139—1989《馏分燃料十六烷指数计算法》中的方法进行，该标准参照采用了 ASTM D976-80 标准方法。该方法适用于计算直馏馏分、催化裂化馏分及两者的混合燃料的十六烷指数，特别是当试样量很少或不具备发动机试验条件时，计算十六烷

指数是估计十六烷值的有效方法。当原料和生产工艺不变时，可用十六烷指数检验柴油馏分的十六烷值，以进行生产过程的质量控制。试样的十六烷指数按式（5-6）计算

$$CI = 431.29 - 1586.88\rho_{20} + 730.97\rho_{20}^2 + 12.392\rho_{20}^3 + 0.0515\rho_{20}^4 - 0.554B + 97.803(\lg B)^2 \quad (5\text{-}6)$$

式中　CI——试样的十六烷指数；

　　　ρ_{20}——试样在20℃时的密度（g/mL）；

　　　B——试样 GB/T 6536—2010《石油产品常压蒸馏特性测定法》测得的中沸点（℃）。

【例题】　若已知某试样在20℃时的密度为0.8400g/mL，按 GB/T 6536—2010《石油产品常压蒸馏特性测定法》测得的中沸点为260℃，计算该试样的十六烷指数。

解　由式（5-6）得

$$CI = 431.29 - 1586.88 \times 0.8400 + 730.97 \times 0.8400^2 + 12.392 \times 0.8400^3 +$$

$$0.0515 \times 0.8400^4 - 0.554 \times 260 + 97.803 \times (\lg 260)^2 = 47.8$$

$$CI \approx 48$$

式（5-6）的应用有一定的局限性，它不适用于计算纯烃、合成燃料、烷基化产品、焦化产品及从页岩油和油砂中提炼的燃料的十六烷指数，也不适用于计算加有十六烷改进剂的馏分燃料的十六烷指数。

目前，十六烷指数已列入我国车用柴油的质量指标。十六烷指数还可按 SH/T 0694—2000《中间馏分燃料十六烷指数计算法（四变量公式法）》来计算。

3. 柴油指数

柴油指数是表示柴油抗爆性能的另一个计算值。它是和柴油密度、苯胺点（石油产品与等体积的苯胺混合，加热至两者相互溶解为单一液相的最低温度，称为石油产品的苯胺点）相关联的参数，也可以用它来计算十六烷值柴油指数的表达式为

$$DI = \frac{(1.8t_A + 32)(141.5 - 131.5 d_{15.6}^{15.6})}{100 d_{15.6}^{15.6}} \quad (5\text{-}7)$$

$$DI = \frac{(1.8t_A + 32)API°}{100} \quad (5\text{-}8)$$

式中　　　DI——柴油指数；

　　　$API°$——柴油的相对密度指数；

　　　t_A——柴油的苯胺点（℃）；

　　　$d_{15.6}^{15.6}$——柴油在15.6℃时的相对密度。

通过经验公式（5-9），可由柴油指数计算十六烷值。

$$CI = \frac{2}{3}DI + 14 \quad (5\text{-}9)$$

虽然十六烷指数和柴油指数的计算简捷、方便，很适用于生产过程的质量控制，但也不允许随意替代用标准发动机试验装置所测定的试验值，柴油规格指标中的十六烷值必须以实测为准。

5.2.3　柴油十六烷值测定方法

柴油的十六烷值我国按 GB/T 386—2021《柴油十六烷值测定法》中的方法评定。

1. 方法概要

柴油的十六烷值是在试验发动机的标准操作条件下，将着火性与已知十六烷值的两个标准燃料混合物的着火性进行比较来测定。

测定采用内插法的手轮法。对于试样和两个将试样包括在中间的标准燃料（要求两种标准燃料十六烷值相差不大于 5.5 个单位）中的每一个，均改变发动机的压缩比（手轮读数），以得到特定的着火滞后期，然后根据手轮读数用内插法计算十六烷值。

本标准不适用于其流动性影响燃料向燃料泵无阻力重力流动的，或影响燃料送往喷油嘴的柴油。

2. 十六烷值的计算

计算试样及每个副标准燃料混合物手轮读数的平均值，计算平均值取至小数点后两位。

计算试样的十六烷值公式

$$CN = CN_1 + (CN_2 - CN_1)\frac{a - a_1}{a_2 - a_1} \tag{5-10}$$

式中　CN——试样的十六烷值；

CN_1——低十六烷值标准燃料的十六烷值；

CN_2——高十六烷值标准燃料的十大烷值；

a——试样三次测定手轮读数的平均值；

a_1——低十六烷值标准燃料三次测定手轮读数的平均值；

a_2——高十六烷值标准燃料三次测定手轮读数的平均值。

计算结果准确至小数点后一位，作为十六烷值测定结果，在报告时，用符号××.×/CN 表示，如 47.8/CN。

第 **6** 章

石油产品腐蚀性的测定

　　石油产品在贮存、运输和使用过程中，对所接触的机械设备、金属材料、塑料及橡胶制品等的腐蚀、溶胀的作用，称为石油产品的腐蚀性。由于机械设备和零件多为金属制品，因此，石油产品的腐蚀性主要指的是对金属材料的腐蚀。腐蚀作用不但会使机械设备受到损坏，影响其使用寿命，而且由于金属被腐蚀后的生成物多数是不溶于石油产品的固体杂质，所以还会影响石油产品的洁净度和安定性，从而对贮存、运输和使用带来一系列危害。石油产品中的腐蚀性组分主要是酸性物质、碱性物质和含硫化合物，有关检测指标有水溶性酸、碱，酸度（值），硫含量等。本章主要介绍汽油、柴油、喷气燃料和润滑油等石油产品腐蚀性的测定。

6.1　水溶性酸、碱的测定

6.1.1　水溶性酸、碱及其测定意义

1. 水溶性酸、碱

　　石油产品中的水溶性酸、碱是指石油炼制及石油产品运输、贮存过程中，混入其中的可溶于水的酸、碱。水溶性酸通常为能溶于水中的酸，主要为硫酸、磺酸、酸性硫酸酯及相对分子质量较低的有机酸等；水溶性碱主要为氢氧化钠、碳酸钠等。

　　原油及其馏分油中几乎不含有水溶性酸、碱，石油产品中的水溶性酸、碱多为石油产品精制工艺中加入的酸、碱残留物，它是石油产品质量检测的重要质量指标之一。

2. 测定水溶性酸、碱的意义

　　（1）预测石油产品的腐蚀性　水溶性酸、碱的存在，表明石油产品经酸碱精制处理后，酸没有被完全中和或碱洗后用水冲洗不完全。这部分酸、碱在贮存或使用时，能腐蚀与其接触的金属设备及构件。水溶性酸几乎对所有金属都有较强的腐蚀作用，特别是当石油产品中有水存在的情况下，其腐蚀性更加严重；水溶性碱对有色金属，特别是铝等金属材料有较强的腐蚀性。例如，汽油中若有水溶性碱的存在，汽化器的铝制零件会生成氢氧化铝胶体，堵塞油路、滤清器及油嘴。

　　（2）列为石油产品质量指标　石油产品中的水溶性酸、碱在大气中，在水分、氧气、光照及受热的长期作用下，会引起石油产品氧化、分解和胶化，降低石油产品的安定性，促

使石油产品老化。所以，在成品油出厂前，哪怕是发现有微量的水溶性酸、碱，都认为产品不合格，绝不允许出厂。

（3）指导石油产品生产 石油产品中的水溶性酸、碱是导致石油产品氧化变质的不安定组分。石油产品中若检测出水溶性酸、碱，表明通过酸碱精制工艺处理后，这些物质还没有完全被清除彻底，产品不合格，需要优化工艺条件，以利于生产优质产品。

6.1.2 水溶性酸、碱测定方法

石油及其产品中的酸、碱性物质，主要分为亲水和疏水（亲油）两种类型。通常，精制工艺中加入的无机酸、碱残留物是亲水的，而相对分子质量较低的有机酸具有兼溶性质。石油产品中水溶性酸、碱的测定，主要检测的是石油产品中亲水性物质。

石油产品中水溶性酸、碱的测定，属于定性分析试验法，按 GB/T 259—1988《石油产品水溶性酸及碱测定法》中的试验方法进行，主要适用于测定液体石油产品、添加剂、润滑脂、石蜡、地蜡及含蜡组分的水溶性酸、碱。

石油产品中水溶性酸、碱测定的基本原理是：用蒸馏水与等体积的试样混合，经摇动在油、水两相充分接触的情况下，使水溶性酸、碱被抽提到水相中。分离分液漏斗下层的水相，用甲基橙（或酚酞）指示剂或用酸度计测定其 pH，以判断试样中有无水溶性酸、碱的存在。

这是一种表示石油产品中是否含有酸、碱腐蚀活性物质的定性试验方法，既不能说明石油产品中究竟含有哪些类型的酸、碱，也不能给出酸、碱各自的准确含量，但可以作为产品质量的控制指标。对汽油、溶剂油等轻质石油产品，试验时在常温下用蒸馏水抽提；对50℃时运动黏度大于75mm²/s的试样，应先用中性溶剂将试样稀释后，再加入50~60℃蒸馏水抽提；对固态试样，取样后向试样中加入蒸馏水并加热至固形物熔化后抽提。如果试样与蒸馏水混合时，形成不易分层的乳浊液，则改用50~60℃质量分数为95%乙醇水溶液（1:1）进行抽提，必要时再加入稀释溶剂，以降低试样的黏度，达到油、水两相彻底分离的目的。

用酸碱指示剂来判断试样中是否存在水溶性酸、碱的方法是：抽出溶液对甲基橙不变色，说明试样不含水溶性酸；若对酚酞不变色，则试样不含水溶性碱。采用 pH 来判断试样中是否存在水溶性酸、碱，见表6-1。当对石油产品的质量评价出现不一致时，水溶性酸、碱的仲裁试验按酸度计法进行。

表6-1 抽出溶液 pH 值与石油产品中有无水溶性酸、碱的关系

pH	石油产品水相特性	pH	石油产品水相特性
≤4.5	酸性	>9.0~10.0	弱碱性
>4.5~5.0	弱酸性	>10.0	碱性
>5.0~9.0	无水溶性酸、碱		

6.1.3 影响测定的主要因素

（1）取样均匀程度 水溶性酸、碱有时会沉积在盛样容器的底部（尤其是轻质石油产品），因此在取样前应将试样充分摇匀；测定石蜡、地蜡等本身含蜡成分的固态石油产品中

的水溶性酸、碱时，必须事先将试样加热熔化后再取样，以防止构造凝固中的网结构对酸、碱性物质分布的影响。

（2）试剂、器皿的清洁性　水溶性酸、碱的测定，所用的抽提溶剂（蒸馏水、乙醇水溶液）及汽油等稀释溶剂必须事先中和为中性。仪器必须确保清洁，无水溶性酸、碱等物质存在，否则会影响测定结果的准确性。

（3）试样黏度　如果试样50℃时的运动黏度大于$75mm^2/s$，可用稀释溶剂对试样进行稀释并加热到一定温度后再行测定；不然，黏稠试样中的水溶性酸、碱将难以抽提出来，使测定结果偏低。

（4）石油产品的乳化　试样发生乳化现象的原因，通常是石油产品中残留的皂化物水解的缘故，这种试样一般情况下呈碱性。当试样与蒸馏水混合易于形成难以分离的乳浊液时，须用50~60℃呈中性的质量分数为95%乙醇水溶液（1:1）作为抽提溶剂来分离试样中的酸、碱。

6.2　酸度、酸值的测定

6.2.1　酸度、酸值及其测定意义

1. 酸度、酸值

石油产品的酸度、酸值都是用来衡量石油产品中酸性物质数量的指标。中和100mL石油产品中的酸性物质，所需氢氧化钾的质量，称为酸度，以 mgKOH/100mL 表示；中和1g石油产品中的酸性物质，所需要的氢氧化钾质量，称为酸值，以 mgKOH/g 表示。

由于石油产品中的酸性物质不是单一的化合物，而是由不同酸性物质构成的集合，所以用碱性溶液来滴定试样抽提溶液时，无法根据酸、碱反应的物质的量比例关系直接求出具体某种酸的含量，只能以中和100mL（或1g）试样中的各类酸性物质所消耗的氢氧化钾质量来表示。使用水和有机试剂复合萃取剂来抽提试样中的酸性物质，主要运用的是相似相溶原理，使试样中的无机酸、有机酸同时被抽提出来。

2. 酸性物质的来源

石油产品中的酸性物质主要为无机酸、有机酸、酚类化合物、酯类、内酯、树脂及重金属盐类、铵盐和其他弱碱的盐类、多元酸的酸式盐和某些抗氧及清净添加剂等。无机酸在石油产品中的残留量极少，若酸洗精制工艺条件控制得当，石油产品中几乎不存在无机酸；石油产品中的有机酸，主要为环烷酸和脂肪酸，它们大部分是原油中固有的且在石油炼制过程中没有完全脱尽的，部分是石油炼制或石油产品运输、贮存过程中被氧化而生成的。另外，石油产品中还含有少量酚类化合物，苯酚等主要存在于轻质石油产品中，萘酚等主要存在于重质石油产品中。这些化合物虽然含量较少，但其危害性也很大。馏分油或石油产品中酸性物质的存在，无疑对炼油装置、贮存设备和使用机械等产生严重的腐蚀性，酸性物质还能与金属接触生成具有催化功能的有机酸盐。对石油产品中酸性物质的测定，所得的酸度（值）一般为有机酸、无机酸及其他酸性物质的总值，但主要是有机酸性物质（环烷酸、脂肪酸、

酚类、硫醇等）的中和值。

3. 测定酸度、酸值的意义

1）判断石油产品中所含酸性物质的数量。石油产品中酸性物质的数量随原油组成及其馏分油精制程度而变化，酸度（酸值）越高，说明石油产品中所含的酸性物质就越多。柴油、喷气燃料对酸度或酸值都有具体要求。

2）判断石油产品对金属材料的腐蚀性。石油产品中有机酸含量少，在无水分和温度较低时，一般对金属不会产生腐蚀作用，但当含量增多且存在水分时，就能严重腐蚀金属。有机酸的相对分子质量越小，它的腐蚀能力就越强。石油产品中的环烷酸、脂肪酸等有机酸与某些有色金属（如铅和锌等）作用，所生成的腐蚀产物为金属皂类，还会促使燃料石油产品和润滑油加速氧化。同时，皂类物质逐渐聚集在油中形成沉积物，从而破坏机器的正常工作。汽油在贮存时氧化所生成的酸性物质，比环烷酸的腐蚀性还要强，它们一部分能溶于水中，当石油产品中有水分进入时，便会增加其腐蚀金属容器的能力。柴油中的酸性物质对柴油发动机工作状况也有很大的影响，酸度（值）大的柴油会使发动机内的积炭增加，这种积炭是造成活塞磨损、喷嘴结焦的主要原因。

3）判断润滑油的变质程度。对使用中的润滑油而言，在运行机械内持续使用较长一段时间后，由于机件间的摩擦、受热及其他外在因素的作用，石油产品将受到氧化而逐渐变质，出现酸性物质增加的倾向。因此，可从使用环境中石油产品的酸（碱）值是否超出换油指标，来确定是否应当更换机油。例如，当柴油机油酸值的增值大于 2.0mgKOH/g 时，必须更换机油。

6.2.2　酸度、酸值测定方法

测定石油产品中的各种酸（或碱）性物质的中和值，通常采用乙醇或甲苯、异丙醇等有机溶剂的水溶液抽提试样中的待测酸性物质，如 GB/T 258—2016《轻质石油产品酸度测定法》、GB/T 7304—2014《石油产品酸值的测定 电位滴定法》、SH/T 0688—2000《石油产品和润滑剂碱值测定法（电位滴定法）》、GB/T 4945—2002《石油产品和润滑剂酸值或碱值测定法（颜色指示剂法）》等，都是利用水或有机溶剂抽提试样中的酸（或碱）性物质后，再进行化学滴定分析或电位滴定分析。相应的终点确定既可用指示剂颜色变化显示，也可用电位计电位显示。部分石油产品酸度（值）的质量指标见表 6-2。

表 6-2　部分石油产品酸度（值）的质量指标

石油产品名称	酸值[1]/（mgKOH/g）	酸度[2]/（mgKOH/100mL）
3号喷气燃料(GB 6537—2018)		<0.015(酸值)[3]
空气压缩机油(GB/T 12691—2021/XG1—2023)	报告[4]（未加剂、加剂后）	
热传导液(GB/T 7631.12—2014)	<0.05[4]	
冷冻机油(GB/T 16630—2012)	<0.03	
变压器油(GB 2536—2011)	<0.03	

[1] 按 GB/T 7304—2014《石油产品酸值的测定 电位滴定法》检测。
[2] 按 GB/T 258—2016《轻质石油产品酸度测定法》检测。
[3] 按 GB/T 12574—2023《喷气燃料总酸值测定法》检测。
[4] 按 GB/T 4945—2002《石油产品和润滑剂酸值或碱值测定法（颜色指示剂法）》检测。

1. 轻质石油产品酸度的测定

测定汽油、煤油、柴油的酸度，按 GB/T 258—2016《轻质石油产品酸度测定法》中的试验方法进行。该方法主要适用于测定未加乙基液的汽油、煤油和柴油的酸度。

采用化学滴定分析法测定石油产品酸度的基本原理是：利用沸腾的乙醇溶液抽提试样中的酸性物质，再用已知浓度的氢氧化钾乙醇溶液进行滴定，通过酸碱指示剂颜色的改变来确定终点，由滴定时消耗氢氧化钾乙醇溶液的体积，计算出试样的酸度。其化学反应如下：

$$RCOOH + KOH \rightarrow RCOOK + H_2O$$

$$H^+ + OH^- \rightarrow H_2O$$

试样的酸度按式（6-1）计算。

$$X = \frac{100VT}{V_1}$$

$$T = (56.1 \text{g/mol}) \times c \tag{6-1}$$

式中　　X——试样的酸度（mgKOH/100mL）；

　　　　V——滴定时所消耗氢氧化钾乙醇溶液的体积（mL）；

　　　　T——氢氧化钾乙醇溶液的滴定度（mgKOH/mL）；

　　　　V_1——试样的体积（mL）；

56.1g/mol——氢氧化钾的摩尔质量；

　　　　c——氢氧化钾乙醇溶液的物质的量浓度（mol/L）。

能够用于测定石油产品酸度（值）的酸碱指示剂有酚酞、甲酚红、碱性蓝 6B、溴麝香草酚蓝（溴百里香酚蓝）等。不同标准试验方法依据待测试样的馏分轻重与取样多少，滴定时选用的指示剂也不尽相同，关键在于抽提溶液的颜色必须能够与酸碱指示剂所改变的颜色区分开来。石油产品酸度（值）测定的终点确定，除可利用上述酸碱指示剂外，还可以使用电位计检测。

2. 石油产品和润滑剂酸值的测定（电位滴定法）

测定石油产品和润滑剂的酸值，按 GB/T 7304—2014《石油产品酸值的测定　电位滴定法》中的试验方法进行。该标准等效采用 ASTM D664—1995，主要适用于测定能够溶解于甲苯和异丙醇混合溶剂的石油产品和润滑剂中的酸性物质。试验过程中使用的主要仪器设备为电位滴定装置（见图 6-1）。

电位滴定法测定石油产品和润滑剂酸值的基本原理是：准确称取一定量的试样于滴定池中，用甲苯-异丙醇（内含少量水）混合溶剂（亦称滴定溶剂）溶解试样，将玻璃指示电极-甘汞参比电极固定在滴定池内，调整电位计为测量状态，充分搅拌混合溶液，使试样中的酸性物质溶出、分布均匀，用氢氧化钾异丙醇溶液直接滴定试样与滴定溶剂的混合试液，在手绘或自动绘制

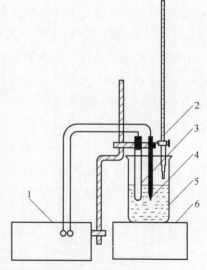

图 6-1　电位滴定装置

1—电位计　2—滴定管　3、4—电极　5—滴定池　6—电磁搅拌器

的电位-滴定剂用量的曲线上（也称 E-V 图）仅把明显突跃点作为终点。其化学反应如下：

$$RCOOH+KOH \rightarrow RCOOK+H_2O$$

试样的酸值按式（6-2）计算。

$$X = \frac{(56.1\,\text{g/mol}) \times (A-B)c}{m} \tag{6-2}$$

式中　X——试样的酸值（mgKOH/g）；

56.1g/mol——氢氧化钾的摩尔质量；

A——滴定混合试液至终点所消耗氢氧化钾异丙醇溶液的体积（mL）；

B——相当于 A 的空白值（mL）；

c——氢氧化钾异丙醇溶液的物质的量浓度（mol/L）；

m——试样的质量（g）。

在测定时，根据预测试样的酸值，按标准中规定的要求准确称取试样，加至滴定池中。向盛有试样的滴定池内加入一定量的滴定溶剂，启动磁力搅拌装置。在不引起混合试液飞溅和产生气泡的情况下，尽可能提高搅拌速度，以便于试样中的酸性物质均匀释放出来。安装电极（也可在搅拌前就固定好），记录滴定管中氢氧化钾异丙醇溶液的初始体积及混合溶液的电位值。按一定的滴定速度进行滴定操作，记录滴定过程中消耗氢氧化钾异丙醇溶液的体积和滴定池内混合溶液的电位变化值。将电位变化突跃点作为滴定终点，计算试样的酸值。

电位滴定法是通过电位检测，显示抽出溶液中氢离子浓度的变化来确定终点的，不像用酸碱指示剂法存在肉眼观察颜色变化可能带来的测量误差，能够在有色或浑浊的抽出溶液中进行滴定分析，对测定轻、重石油产品中的酸、碱含量皆适用。

此外，测定石油产品中的碱值，可按 SH/T 0251—1993《石油产品碱值测定法（高氯酸电位滴定法）》、GB/T 4945—2002《石油产品和润滑剂酸值或碱值测定法（颜色指示剂法）》进行。

6.2.3　影响测定的主要因素

1. 化学滴定法

（1）指示剂用量　每次测定所加的指示剂要按标准中规定的用量加入，以免引起滴定误差。通常用于测定试样酸度（值）的指示剂多为弱酸性有机化合物，本身会消耗碱性溶液。如果指示剂用量多于标准中规定的要求，测定结果将可能偏高。

（2）煮沸条件的控制　在试验过程中，待测试液要按标准规定的温度和时间煮沸并迅速进行滴定，以提高抽提效率并减少 CO_2 对测定结果的影响。标准中规定将抽提溶剂预煮沸 5min 后中和及抽提过程中煮沸 5min，并要求滴定操作在 3min 内完成。除了应达到有效抽提试样中酸性物质和有利油、液两相分层外（第二次煮沸），都是为了驱除 CO_2 并防止 CO_2 溶于乙醇溶液中（CO_2 在乙醇中的溶解度比在水中的高 3 倍）。CO_2 的存在，将使测定结果偏高。

（3）滴定终点的确定　准确判断滴定终点对测定结果有很大的影响。用酚酞作指示剂，滴定至乙醇层显浅玫瑰红色为止；用甲酚红作指示剂，滴定至乙醇层由黄色变为紫红色为止；用碱性蓝 6B 作指示剂，滴定至乙醇层由蓝色变为浅红色为止；用溴麝香草酚蓝作指示剂，滴定至乙醇层由黄色变为绿色或蓝绿色为止。对于滴定终点颜色变化不明显的试样，可滴定到混合溶液的原有颜色开始明显地改变时作为滴定终点。

（4）抽出溶液颜色的变化　当遇到抽出溶液颜色较深时，利用颜色指示-化学滴定分析方法测定试样的酸度（值）时会产生严重误差，必须改用电位滴定法测定。

2. 电位滴定

（1）电极维护与保养　所用的电极应做到及时维护与保养，用后应插入滴定溶剂中漂洗，再分别用蒸馏水和异丙醇清洗。当暂时不用时，应将玻璃指示电极浸泡在蒸馏水中，甘汞参比电极存放在饱和氯化钾异丙醇溶液中。

（2）已使用石油产品试样的预处理　使用过石油产品中的沉积物常呈酸性或碱性，而且沉淀物易吸附油中的酸、碱性物质，因此应保证所取的试样具有代表性。为使试样中的沉淀物能均匀分散开来，可将试样加热到 $60℃±5℃$ 并搅拌，必要时用孔径为 $154\mu m$ 的筛网进行过滤。

（3）难溶解试样的处理　遇有难溶解的重质沥青、残渣物时，试样的溶解可采用三氯甲烷代替甲苯。

（4）终点确定　对于使用过的石油产品酸值的测定，其电位滴定突跃点可能不清楚甚至没有突跃点。如果没有明显突跃点，则以相应的新配制的酸性或碱性非水缓冲溶液的电位值作为滴定终点。

6.3　硫含量的测定

6.3.1　硫含量及其测定意义

1. 硫及其化合物的危害

众所周知，原油的元素组成中除 C 和 H 以外，还含有少量的 S、N、O 等其他元素，这些元素是构成石油非烃类物质的主要成分。目前，原油中可以鉴定出 100 多种含硫化合物，主要包括硫醚、硫醇、噻吩、二（多）硫化合物等。原油中含硫化合物的存在数量及类型，不仅对研究石油的形成具有重大意义，同时还可用于指导石油炼制过程。一般而言，不同炼制工艺所得到的馏分油，其含硫化合物的构成是不同的：在直馏馏分中，烷基硫醚（醇）较多；在热裂化馏分中，芳香基硫醚（醇）较多。

硫及其化合物对石油炼制、石油产品质量及其应用的危害，主要有以下几个方面。

（1）腐蚀石油炼制装置　在原油炼制的过程中，各种含硫有机化合物分解后均可部分生成 H_2S。H_2S 一旦遇水将对金属设备造成严重腐蚀。

（2）污染催化剂　含硫物质的存在会与重金属催化剂中的金属元素形成硫化物，使催化剂降低或失去活性，造成催化剂中毒。因此，在石油炼制过程中，一般对使用原料的硫含量须进行严格的控制，如催化重整原料，硫含量必须低于 $1.5mg/kg$，同时还要控制水分不得超过 $15mg/kg$。

（3）影响石油产品质量　含硫化合物在石油产品中的存在，将严重影响石油产品的质量。含硫物质通常具有特殊的异味，尤其是硫醇具有强烈的恶臭味，臭鼬就是利用这类物质来防御外敌进攻的。石油产品中的硫含量若超出规定的允许范围，不仅会影响人们的感官性能，还会严重制约石油产品的安定性，加速石油产品氧化、变质的进程，甚至导致贮油容器或使用设备的腐蚀。但在民用煤气或液化气中，可适量加入少量低级硫醇，利用其特殊异味判断燃气是否泄漏。

（4）严重污染环境　燃料石油产品中的硫及含硫化合物，燃烧后最终的转化产物将以 SO_2 或 SO_3 排放到大气中，它们是形成大气酸雨的主要成分之一。

2. 测定硫含量的意义

硫含量是指存在于石油产品中的硫及其衍生物（硫化氢、硫醇、二硫化物等）的含量，通常以质量分数表示。测定硫含量的意义如下：

1）用于指导生产。原油的产地不同，其硫含量也有差异。硫的质量分数低于 0.5% 的称为低硫原油，介于 0.5%～2% 之间的称为含硫原油，高于 2% 的称为高硫原油。对不同硫含量的原油，其炼制工艺也不尽相同。硫在石油馏分中的分布一般是随石油馏分沸程的升高而增加，从轻质石油产品中的硫含量多少可以看出含硫化合物在石油炼制过程中是否发生分解。大部分含硫物质主要集中在重质馏分油和渣油中。因此，检测不同馏分油中的硫含量，可以用来判断工艺条件是否合适及保护催化剂免于污染。

2）石油产品质量控制指标。喷气燃料中硫含量的多少，可直接反映出喷气式发动机内腐蚀活性产物的多少和生成积炭的可能性，石油产品中硫化物的存在还易于发生高温“烧蚀”现象，导致潜在的飞行安全隐患。国产 3 号喷气燃料质量指标中，规定总硫含量（质量分数）不大于 0.2%、硫醇性硫含量（质量分数）不大于 0.002%。目前，国产车用汽油（Ⅱ）质量指标中，规定硫含量（质量分数）不大于 0.05%，即使这样的规定，也与“世界燃油规范”中关于汽油Ⅲ类标准规定的硫含量（质量分数不大于 0.003%）存在一定差距。为此，GB 17930—2016《车用汽油》中，又对车用汽油（Ⅲ）硫含量（质量分数）的质量指标提出不大于 0.015% 的新要求。部分石油产品质量指标中规定的硫含量见表 6-3。

表 6-3　部分石油产品质量指标中规定的硫含量

石油产品名称	硫含量(质量分数,%)		试验方法标准
车用汽油(Ⅱ) （GB 17930—2016）	硫醇性硫	0.001	GB/T 1792—2015
	总硫含量	≤0.05	GB/T 380—1977
3 号喷气燃料 （GB 6537—2018）	硫醇性硫	≤0.002	GB/T 1792—2015
	总硫含量	≤0.2	GB/T 380—1977
车用柴油 （GB 19147—2016/XG1—2018）	硫醇性硫	—	—
	总硫含量	≤0.05	GB/T 380—1977

值得说明的是，并不是所有石油产品的硫含量越低越好，特殊石油产品如齿轮油规定了一定的硫含量；但它一般情况下不是腐蚀性物质，而是有意加入的极压抗磨剂中的含硫化合物。

6.3.2　硫含量测定方法

目前，测定石油产品中含硫化合物与硫含量的方法分为定性方法和定量方法两种类型。

典型的定性标准试验方法是博士试验法，即 NB/SH/T 0174—2015《石油产品和烃类溶剂中硫醇和其他硫化物的检验 博士试验法》。定量标准试验方法较多，但主要有以下几个方面：石油产品中硫醇性硫含量的测定，有 GB/T 505—1965《发动机燃料硫醇性硫含量测定法（氨-硫酸铜法）》和 GB/T 1792—2015《汽油、煤油、喷气燃料和馏分燃料中硫醇硫的测定 电位滴定法》；轻质石油产品中硫含量的测定，有 GB/T 380—1977《石油产品硫含量测定法（燃灯法）》和 NB/SH/T 0253—2021《轻质石油产品中总硫含量的测定 电量法》；深色（重质）石油产品中硫含量的测定，有 GB/T 387—1990《深色石油产品硫含量测定法（管式炉法）》、GB/T 388—1964《石油产品硫含量测定法（氧弹法）》及 SH/T 0172—2001《石油产品硫含量测定法（高温法）》等。

1. 博士试验法

定性测定芳烃和轻质石油产品中的硫醇，按 NB/SH/T 0174—2015《石油产品和烃类溶剂中硫醇和其他硫化物的检验 博士试验法》中的试验方法进行。该标准等效采用 ISO 5257：2003，主要适用于定性检测芳烃和轻质石油产品中硫醇性硫，也可检测其中的硫化氢。

博士试验法所用的博士试剂为亚铅酸钠（Na_2PbO_2）溶液，其配制方法如下：

$$(CH_3COO)_2Pb+2NaOH \rightarrow Na_2PbO_2+2CH_3COOH$$

博士试验法的基本原理是：根据亚铅酸钠溶液与试样中的硫醇反应，形成铅的有机硫化物，该物质再与硫元素反应形成深色的硫化铅，来定性地检测试样中是否存在硫醇类物质。其测定过程如下：

用博士试剂进行"初步试验"，若试样中有硫醇存在，则有如下反应：

$$Na_2PbO_2+2RSH \rightarrow (RS)_2Pb+2NaOH$$

硫醇铅以溶解状态存在于试液中，通常呈现的颜色并不明显，或因硫醇的相对分子质量不同，使试验溶液呈现微黄色。

用博士试剂进行"最后试验"，即向上述溶液中加入少量的硫黄粉，硫醇铅遇到硫黄粉则生成硫化铅深色沉淀，其反应如下：

$$(RS)_2Pb+S \rightarrow PbS\downarrow +RSSR$$

（黑色）

生成的硫化铅沉淀将使博士试剂与试样（油）的液接界面（该界面同时还含有硫黄粉层）颜色变深（呈橘红色、棕色，甚至黑色）。若参与反应的硫黄粉层的颜色没有明显变深现象，则说明试样中不含有硫醇性硫。

倘若试样中含硫组分的构成比较复杂（不仅仅只有硫醇性硫存在），则需要通过初步试验结果（见表 6-4）再继续进行试验，排除干扰后进一步判断有无硫醇性硫的存在。如果已经确认试样中有硫化氢存在，则试样需要用氯化镉预处理，以驱除硫化氢的干扰，再进行最后试验；如果只是断定可能有过氧化物存在，则还需要另做试验进一步确认有无过氧化物存在；若试样中确实有过氧化物存在，则该标准试验方法无法用于检测试样中有无硫醇性硫。

表 6-4 博士试验法的试验变化（初步试验结果）

观察外观变化	初步试验结果	有关说明
立即生成黑色沉淀	有硫化氢存在	需要驱除硫化氢,再进行最后试验
缓慢生成褐色沉淀	可能有过氧化物存在	需要另做试验加以确认,若确实有过氧化物存在则不必进行最后试验
在摇动期间溶液变成乳白色,然后颜色变深	有硫醇和元素硫存在	可以得出结论
无变化或黄色	难以判断硫醇是否存在	需要进行最后试验再加以确认

博士试验法的主要试验步骤如下。

（1）初步试验 加入亚铅酸钠溶液摇动后,按上述博士试验变化表（见表6-4）,判断是否（或可能）有硫化氢、过氧化物、硫醇和元素硫的存在（仅有硫醇和元素硫存在时,可直接得到结论）。另取试样进一步试验,一是排除硫化氢的干扰（用 $CdCl_2$ 驱除）,可继续进行最后试验;二是用碘化钾-淀粉酸性溶液进行检验,若试液变蓝则说明试样中含有过氧化物,不必进行最后试验（因不能得到正确结果）。

（2）最后试验 加入硫黄粉确认硫醇是否存在。

博士试验法是利用博士试剂检测汽油、煤油、喷气燃料、石脑油、苯类等轻质石油产品中,是否含有硫醇或硫化氢的一个非常灵敏的定性试验方法。该方法操作简单、快速、灵敏,在石油产品精制工艺控制和产品质量检测过程中具有广泛的应用。当苯基硫醇和乙基硫醇在试样中存在量为 18mg/kg、异丙基硫醇为 6mg/kg、异丁基硫醇为 0.6mg/kg 时,就可以观察出颜色的变化。

2. 氨-硫酸铜法

测定发动机燃料中硫醇性硫的含量,按 GB/T 505—1965《发动机燃料硫醇性硫含量测定法（氨-硫酸铜法）》中的试验方法进行。该方法主要适用于测定发动机燃料中硫醇性硫的含量。

氨-硫酸铜法测定石油产品中硫醇性硫含量的基本原理是:将氨-硫酸铜溶液（氨过量时为深蓝色）,与试样中的硫醇相互作用形成铜的硫醇化合物,从而使深蓝色溶液快速褪色,随着氨-硫酸铜溶液的逐步滴入,当反应接近化学计量点时溶液又呈现浅蓝色,该颜色虽经摇动也不消失则达到滴定终点。反应过程如下:

向硫酸铜水溶液中加入氨水,生成淡绿色的碱式盐 $Cu_2(OH)_2SO_4$ 沉淀。

$$2CuSO_4 + 2NH_3 \cdot H_2O \rightarrow Cu_2(OH)_2SO_4 \downarrow + (NH_4)_2SO_4$$

补加过量的氨水,则有深蓝色的四氨合铜配离子 $[Cu(NH_3)_4]^{2+}$ 生成。

$$Cu_2(OH)_2SO_4 + 8NH_3 \cdot H_2O \rightarrow [Cu(NH_3)_4]SO_4 + [Cu(NH_3)_4](OH)_2 + 8H_2O$$

通过上述氨-硫酸铜溶液所生成的产物 $[Cu(NH_3)_4]^{2+}$ 与试样中存在的硫醇作用,使滴入试液中的滴定剂自身颜色（深蓝色）很快褪色。

$$[Cu(NH_3)_4](OH)_2 + 2C_2H_5SH \rightarrow (C_2H_5S)_2Cu + 4NH_3 + 2H_2O$$

$$[Cu(NH_3)_4]SO_4 + 2C_2H_5SH \rightarrow (C_2H_5S)_2Cu + 4NH_3 + H_2SO_4$$

将稍微过量的氨-硫酸铜溶液（注意本身为指示剂）滴入试液后,此时混合溶液会呈现

出铜的四氨配合物 $\left[\text{Cu}(\text{NH}_3)_4\right]^{2+}$ 的低浓度颜色（浅蓝色），说明达到滴定终点。

该试验还需要事先确定氨-硫酸铜溶液的滴定度，操作方法如下：

先移取 100mL 氨-硫酸铜溶液，逐步滴加硫酸使氨水完全被中和，使配离子 $\left[\text{Cu}(\text{NH}_3)_4\right]^{2+}$ 分解，此时溶液由深蓝色转变为浅蓝色，然后再过量加入 1~2mL 硫酸。其反应过程如下：

$$\left[\text{Cu}(\text{NH}_3)_4\right]\text{SO}_4+2\text{H}_2\text{SO}_4\rightarrow\text{CuSO}_4+2(\text{NH}_4)_2\text{SO}_4$$

$$\left[\text{Cu}(\text{NH}_3)_4\right](\text{OH})_2+3\text{H}_2\text{SO}_4\rightarrow\text{CuSO}_4+2(\text{NH}_4)_2\text{SO}_4+2\text{H}_2\text{O}$$

再加入碘化钾溶液与生成的硫酸铜反应：

$$2\text{CuSO}_4+4\text{KI}\rightarrow\text{I}_2+\text{Cu}_2\text{I}_2\downarrow+2\text{K}_2\text{SO}_4$$

最后将析出的碘用硫代硫酸钠溶液滴定，当溶液呈微黄色时，加入几滴新配制的淀粉溶液，滴定至蓝色消失为止。

$$\text{I}_2+2\text{Na}_2\text{S}_2\text{O}_3\rightarrow2\text{NaI}+\text{Na}_2\text{S}_4\text{O}_6$$

综合以上滴定和标定反应过程可以看出：

$$\text{CuSO}_4\sim\left[\text{Cu}(\text{NH}_3)_4\right]^{2+}\sim2\text{C}_2\text{H}_5\text{SH}\sim2\text{KI}\sim\frac{1}{2}\text{I}_2\sim\text{Na}_2\text{S}_2\text{O}_3$$

即
$$\text{CuSO}_4\sim2\text{C}_2\text{H}_5\text{SH}$$

故所用氨-硫酸铜滴定溶液的滴定度，即每毫升氨-硫酸铜溶液相当于试样中硫醇性硫的质量，可按式（6-3）计算。

$$T=\frac{(32.06\text{g/mol})\times2VT_1}{(126.91\text{g/mol})\times100\text{mL}} \tag{6-3}$$

式中　　　T——氨-硫酸铜滴定溶液的滴定度（g/mL）；

32.06g/mol——S 的摩尔质量；

　　　　　V——滴定氨-硫酸铜溶液所消耗硫代硫酸钠溶液的体积（mL）；

　　　　　T_1——硫代硫酸钠溶液的滴定度，即每毫升硫代硫酸钠溶液相当于 I_2 的质量（g/mL）；

126.91g/mol——I_2 的摩尔质量；

　　　100mL——测定氨-硫酸铜溶液滴定度时，所取氨-硫酸铜溶液的体积。

试样中硫醇性硫的质量分数按式（6-4）计算。

$$w=\frac{V_2T}{V_3\rho}\times100\% \tag{6-4}$$

式中　　w——试样中硫醇性硫的质量分数；

　　　　V_2——滴定试液所消耗氨-硫酸铜溶液的体积（mL）；

　　　　T——氨-硫酸铜滴定溶液的滴定度（g/mL）；

　　　　V_3——试样的体积（mL）；

　　　　ρ——试样的密度（g/mL）。

氨-硫酸铜法测定发动机燃料中硫醇性硫含量的主要试验步骤如下：

取一定量的试样（可根据预测的试样中硫醇性硫的质量分数确定：0.01% 以下，取

100mL；0.01%～0.02%，取50mL；0.02%以上，取25mL）于分液漏斗中，用氨-硫酸铜溶液滴定。逐次滴入氨-硫酸铜溶液后，每次都应当将装有试样的分液漏斗急剧摇动，使水相中的蓝色变浅直至消失为止。当滴定至水相中的浅蓝色经过剧烈摇动5min也不消失，则认为达到化学计量点，可作为滴定终点。

氨-硫酸铜法属于化学定量分析中的直接滴定分析法。该方法的优点是简单、测定时间比较短，但不足之处是准确性不佳，尤其对脂肪系硫醇性硫测定的结果稍微偏低。出于这一原因，对石油产品中硫醇性硫的定量测定，现多采用电位滴定法，即GB/T 1792—2015《汽油、煤油、喷气燃料和馏分燃料中硫醇硫的测定 电位滴定法》。该标准试验方法与GB/T 7304—2014测定原理基本相同，只是所用指示电极为银-硫化银电极而已。

石油产品中硫醇性硫的测定，国外或国际上还有用硝酸银化学滴定分析法（以硫氰酸铵为返滴定剂，铁矾作指示剂）来测定的，主要依据是：

$$RSH + AgNO_3 \rightarrow RSAg\downarrow + HNO_3$$

3. 燃灯法

对石油产品中含硫化合物或硫含量的测定，最常用的检测方式有两种途径：一是使用特定的试剂与试样中的待测物质直接反应，如博士试验法、氨-硫酸铜法等；二是将试样中的待测物质先转化为可以检测的成分后再进行间接测定，如燃灯法、管式炉法等。此外，还可用现代分析仪器进行无损测定，如GB/T 11140—2008《石油产品硫含量的测定 波长色散X射线荧光光谱法》（该标准参照采用ASTM D 2622—2007）、GB/T 17040—2019《石油和石油产品中硫含量的测定 能量色散X射线荧光光谱法》（该标准等效采用ASTM D 4294—2003）等。

间接测定法（如燃灯法、管式炉法），一般是通过试样完全燃烧所生成的SO_2或SO_3产物，经由吸收（接收）溶液转化为Na_2SO_3或H_2SO_4物质后，再选择滴定分析法或其他分析方法针对转化产物进行测定，表征结果时将其换算成试样中的硫含量。

燃灯法测定石油产品中的硫含量，按GB/T 380—1977《石油产品硫含量测定法（燃灯法）》中的试验方法进行。该方法主要适用于测定雷德蒸气压力不高于80kPa（600mmHg）的轻质石油产品（如汽油、煤油、柴油等）的硫含量。试验过程中使用的主要仪器设备为燃灯法硫含量测定器（见图6-2）。

燃灯法测定石油产品硫含量的基本原理是：将试样装入特定的灯中进行完全燃烧，使试样中的含硫化合物转化为二氧化硫，用碳酸钠水溶液吸收生成的二氧化硫，再用已知浓度的盐酸溶液返滴定，由滴定时消耗盐酸溶液的体积，计算出试样中的硫含量。其化学反应如下：

试样中的含硫化合物在灯中完全燃烧，生成二氧化硫。

$$硫化物 + O_2 \rightarrow SO_2\uparrow$$

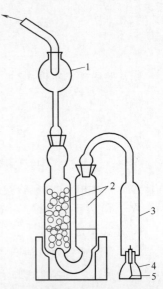

图6-2 燃灯法硫含量测定器

1—液滴收集器 2—吸收器 3—烟道 4—带有灯芯的燃烧灯 5—灯芯

二氧化硫经 10mL 质量分数为 0.3% 的碳酸钠溶液（过量）吸收后，生成亚硫酸钠。

$$SO_2 + Na_2CO_3 \rightarrow Na_2SO_3 + CO_2 \uparrow$$

剩余的碳酸钠再用已知浓度的盐酸溶液返滴定，由消耗盐酸溶液的体积可计算出试样中的硫含量。

$$Na_2CO_3 + 2HCl \rightarrow 2NaCl + H_2O + CO_2 \uparrow$$

试样中硫的质量分数按式（6-5）计算。

$$w = \frac{(0.0008g/mL) \times (V_0 - V)K}{m} \times 100\% \tag{6-5}$$

式中 w——试样中硫的质量分数；

$0.0008g/mL$——与单位体积 0.05mol/L 盐酸溶液相当的硫含量；

       V_0——滴定空白试液所消耗盐酸溶液的体积（mL）；

       V——滴定吸收硫的氧化物溶液所消耗盐酸溶液的体积（mL）；

       K——换算为 0.05mol/LHCl 溶液的修正系数，即试验中实际使用盐酸溶液的物质的量浓度与 0.05mol/L 的比值；

       m——试样的燃烧量（g）。

式（6-5）中的 0.0008g/mL 为所使用的 0.05mol/LHCl 溶液对硫的滴定度。它可由测定原理中各物质间的定量化学反应关系计算，即

$$S \sim SO_2 \sim Na_2CO_3 \sim 2HCl$$

$$\frac{1}{2}S \sim HCl$$

当所使用盐酸溶液的物质的量浓度为 0.05mol/L 时（盐酸的摩尔质量为 36.5g/mol），其滴定度 T_{HCl} 为

$$T_{HCl} = \frac{(0.05mol/L) \times (36.5g/mol)}{1000} = 0.001825g/mL$$

则其对硫的滴定度 T_S 可由如下比例计算（硫的摩尔质量为 32g/mol）

$$(36.5g/mol) : (0.001825g/mL) = \left(\frac{1}{2} \times 32g/mol\right) : T_S$$

则 $T_S = 0.0008g/mL$

当然，试验过程中实际滴定用的盐酸溶液的物质的量浓度最好等于 0.05mol/L，但也时常存在不恰好相等的情况，故在表示试样中硫的质量分数计算公式中，又会额外出现一个修正系数（K）。若配制的实际盐酸溶液的物质的量浓度就是 0.05mol/L，则 $K=1$。

4. 管式炉法

测定原油或重质石油产品中的硫含量，按 GB/T 387—1990《深色石油产品硫含量测定法（管式炉法）》中的试验方法进行。该方法主要适用于测定试样中硫的质量分数大于 0.1% 的深色石油产品。试验过程中使用的主要仪器设备为管式电阻炉（见图 6-3）。

管式炉法测定石油产品硫含量的测定原理与燃灯法类似，都属于间接测定石油产品中硫含量的定量分析方法。燃灯法只能测定具有毛细渗透能力、可供灯芯燃烧的轻质或黏度不是

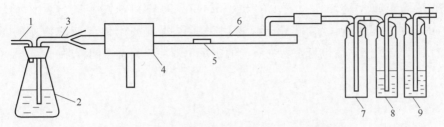

图6-3 石油产品硫含量（管式炉法）测定器

1—气流接口 2—接收器 3—石英弯管 4—管式电阻炉

5—盛样瓷舟 6—磨口石英管 7~9—洗气瓶

太高的液态石油产品。对于黏度高不宜用燃灯法测定硫含量的液态石油产品，可利用与其他不含硫的标准有机溶剂混合、稀释后再进行测定（若所用有机溶剂中硫含量固定，也可借助液体的可加性原理进行测定）；而对于某些石油产品，如原油、渣油、润滑油、石油焦、蜡、沥青及含硫添加剂等半固态或固态物质，则需要采用管式炉法或其他试验方法进行硫含量的测定。

管式炉法测定石油产品硫含量的具体原理是：将试样放入管式电阻炉内并在规定流速的空气流中完全燃烧，将生成的二氧化硫和三氧化硫用过氧化氢-硫酸接收溶液吸收（此时，二氧化硫也被氧化成硫酸），再用已知浓度的氢氧化钠溶液滴定接收溶液中原有和新生成的硫酸，根据滴定时消耗氢氧化钠溶液的体积（扣除空白值），即可计算出试样中的硫含量。

在测定时，试样中的含硫化合物在管式电阻炉中完全燃烧，生成二氧化硫和三氧化硫。

$$硫化物 + O_2 \rightarrow SO_2\uparrow + SO_3\uparrow$$

三氧化硫被接收溶液中的水吸收生成硫酸。

$$SO_3 + H_2O \rightarrow H_2SO_4$$

二氧化硫被接收溶液中的过氧化氢氧化，也生成硫酸。

$$SO_2 + H_2O_2 \rightarrow H_2SO_4$$

再将接收（吸收）溶液中的硫酸用氢氧化钠溶液返滴定，由消耗氢氧化钠溶液的体积，可计算出试样中的硫含量。

$$H_2SO_4 + 2NaOH \rightarrow Na_2SO_4 + 2H_2O$$

试样中硫的质量分数按式（6-6）计算。

$$w = \frac{(0.016\text{g/mL}) \times c(V - V_0)}{m} \times 100\% \tag{6-6}$$

式中 w——试样中硫的质量分数；

0.016g/mL——1.000mol/LNaOH 溶液对硫的滴定度，即每毫升氢氧化钠溶液相当于硫的质量；

       c——氢氧化钠溶液的物质的量浓度（mol/L）；

       V——滴定接收硫氧化物的吸收溶液所消耗氢氧化钠溶液的体积（mL）；

      V_0——滴定空白试验时所消耗氢氧化钠溶液的体积（mL）；

      m——试样的质量（g）。

管式炉法测定硫含量计算公式中的 0.016g/mL，与燃灯法测定硫含量计算公式中的 0.0008g/mL 计算方法相似。这里只是假定用于滴定的氢氧化钠溶液的物质的量浓度为 1.000mol/L，对硫的滴定度也可由各物质间的定量化学反应关系得到，即

$$S \sim SO_2 \text{ 或 } SO_3 \sim H_2SO_4 \sim 2NaOH$$

得

$$\frac{1}{2}S \sim NaOH$$

故

$$T = (16\text{g/mol}) \times \left(\frac{40}{40}\text{mol/L}\right) \times \frac{1}{1000} = 0.016\text{g/mL}$$

注意：每毫升 1.000mol/L NaOH 溶液相当于硫的质量。$\frac{1}{2}$ 硫的摩尔质量为 16g/mol，NaOH 的摩尔质量为 40g/mol，$\frac{40}{40}$ 为假定 NaOH 溶液浓度为 1.000mol/L 的比值系数。

由于试验过程中实际滴定用的氢氧化钠溶液的物质的量浓度与假定的氢氧化钠溶液的物质的量浓度（1.000mol/L）之比值，正好等于试验过程中实际滴定用的氢氧化钠溶液的物质的量浓度值，所以也就不必再用修正系数（K）来加以校正了，而直接用实际使用的氢氧化钠溶液的物质的量浓度。一般来说，管式炉法测定实际用于滴定的氢氧化钠溶液的物质的量浓度为 0.0200mol/L。

5. 电位滴定法

GB/T 1792—2015《汽油、煤油、喷气燃料和馏分燃料中硫醇硫的测定 电位滴定法》是参照采用 ASTM D227—1983 而制定的，适用于测定硫醇硫含量（质量分数）在 0.0003% ~ 0.01% 范围内，无硫化氢的汽油、喷气燃料、煤油和轻柴油中的硫醇硫。当游离硫质量分数大于 0.0005% 时，对测定有一定干扰。

硫醇硫含量测定采用电位滴定法，其装置与石油产品和润滑剂酸值测定的电位滴定装置相同（见图 6-1）。它是将无硫化氢试样溶解在乙酸钠的异丙醇溶剂中，用硝酸银异丙醇标准滴定溶液进行电位滴定，由玻璃参比电极和银-硫化银指示电极之间的电位突跃指示滴定终点。在滴定过程中，硫醇硫沉淀为硫醇银，反应如下：

$$RSH + AgNO_3 \rightarrow RSAg + HNO_3$$

试样中硫醇硫的质量分数按式（6-7）计算：

$$w = \frac{(32.06\text{g/mol}) \times cV}{(1000\text{mL/L}) \times m} \times 100\% \tag{6-7}$$

式中　　w——试样中硫醇硫的质量分数；

32.06g/mol——硫醇中硫原子的摩尔质量；

　　　　c——硝酸银异丙醇标准滴定溶液的浓度（mol/L）；

　　　　V——达到终点时所消耗的硝酸银异丙醇标准溶液体积（mL）；

1000mL/L——单位换算，1L = 1000mL；

　　　　m——试样的质量（g）。

为使硝酸银在试样中更好地溶解及减少硫醇银沉淀对硝酸银的吸附，试验中采用大量的

异丙醇作为溶剂。

6.3.3　影响测定的主要因素

1. 博士试验法

（1）对试剂的要求　制备好的博士试剂应贮备在密闭的容器内，呈无色、透明状态，如不洁净，用前可进行过滤。

（2）硫黄粉及其用量　所用的升华硫应是纯净、干燥的粉状硫黄，每次所加入的量要保证在试样和亚铅酸钠溶液的液接界面上浮有足够的硫黄粉薄层（为 35~40mg），不要加入过多或过少，以免影响结果观察。

（3）要保证完全反应　为使反应在规定时间内完成，试样与博士试剂混合后应当用力摇动，并在规定静置时间内观察油、水两相及硫黄粉层的颜色变化情况。

（4）排除硫化氢干扰　如果试样中含有硫化氢，则在未加入硫黄粉之前摇动，就会出现 PbS 黑色沉淀。应重新取一份试样与氯化镉溶液一起摇动，反复冲洗、分离，将硫化氢除尽（$CdCl_2 + H_2S \rightarrow CdS \downarrow + 2HCl$）；否则，最后试验将难以判断是否有硫醇性硫的存在。

2. 氨-硫酸铜法

（1）碘挥发损失对测定结果的影响　在标定氨-硫酸铜溶液的滴定度时，加碘化钾前要使待测试液冷却至 $20℃ \pm 5℃$，以免碘挥发损失。

（2）试样的预处理　试样中的硫化氢会影响测定结果，因此有硫化氢存在时，试验前要用氯化镉溶液处理，将硫化氢除尽。

（3）滴定终点的判断　用氨-硫酸铜法测定石油产品中的硫醇性硫，终点时溶液的颜色是由前期的深蓝色过渡到浅蓝色直至消失为止。应仔细进行滴定操作，按标准规定充分振荡，避免氨-硫酸铜溶液过量较多，使测定结果偏高。为了使滴定终点便于观察，无色水相的体积达到 4~5mL 时，可从分液漏斗下部放出。若水相的颜色改变难以在分液漏斗内观察清楚，在预计要达到滴定终点时，还可将滴定至接近无色的试液从分液漏斗中放出 1~3 滴于白色瓷蒸发皿（或点滴板）中进行颜色观察。

3. 燃灯法

（1）试样完全燃烧程度　试样在燃灯中能否完全燃烧，对测定结果影响很大。如果试样在燃烧过程中冒黑烟或未经燃烧而挥发跑掉，则会使测定结果偏低。试验过程中调整气流流速、调节灯芯和火焰高度，甚至用标准正庚烷（或乙醇、汽油等）来稀释较黏稠的石油产品等试验步骤的目的，都是为了促使试样完全燃烧。

（2）试验材料和环境条件　如果使用材料或环境空气中有含硫成分，势必会影响测定结果，标准中规定不许用火柴等含硫引火器具点火。倘若滴定与空白试验同体积的质量分数为 0.3% 的碳酸钠水溶液，所消耗的盐酸溶液的体积比空白试验所消耗的盐酸溶液体积多出 0.05mL，则视为试验环境的空气氛围已染有含硫组分，应彻底通风后另行测定。

（3）吸收液用量　每次加入吸收器内的碳酸钠溶液的体积是否准确一致、操作过程中有无损失，对测定结果也有影响。若吸收器内的碳酸钠溶液因注入时不准确或操作过程中有损失，会导致空白试验测定结果产生偏差。标准中规定用吸量管准确地向吸收器中注入质量分数为 0.3%的碳酸钠溶液 10mL，其目的就是要保证吸收器内加入碳酸钠溶液体积的准确性。

（4）终点判断　在滴定的同时要搅拌吸收溶液，还要与空白试验达到终点所显现的颜色做比较，以保证正确判断滴定终点。

4. 管式炉法

（1）燃烧温度控制　试验过程中的炉腔温度必须达到 900℃以上；否则，重质石油产品中存在的某些多硫化合物和磺酸盐不能完全分解、燃烧，从而影响部分含硫物质不能完全转化成硫的氧化物，使测定结果偏低。

（2）对助燃气体的要求　所用的空气必须经过洗气瓶净化，流速要保持在 500mL/min。流速过快，容易将未燃烧的硫分带走；流速过慢，会导致燃烧不完全（因供氧不足）。两种情形皆会导致测定结果偏低。

（3）气路密闭性　测定器的供气系统应当不漏气。若有漏气现象发生，将使测定结果产生误差。在正压送气供气状态时，漏气可使燃烧生成的硫的氧化物逸出，使测定结果偏低；在负压抽气供气状态时，未经洗气瓶净化的空气容易进入管内，如果试验环境的空气中已有硫，则会使测定结果偏高。

（4）器皿的洁净程度　试验中使用的石英管及瓷舟等，切不可含有硫化物或其他能吸收硫的介质。

5. 电位滴定法

（1）滴定溶剂的选择　汽油中所含硫醇的相对分子质量较低，在溶液中容易挥发损失，因此采用在异丙醇中加入乙醇钠溶液，以保证滴定溶剂呈碱性；而喷气燃料、煤油和柴油中含相对分子质量较高的硫醇，用硫酸性滴定溶剂，则有利于在滴定过程中更快达到平衡。

（2）滴定溶剂的净化　硫醇极易被氧化为二硫化物（R-S-S-R'），从而由"活性硫"转变为"非活性硫"。因此，要求每天在测定前，都要用快速氮气流净化滴定溶剂 10min，以除去溶解氧，保持隔绝空气。

（3）标准滴定溶液的配制和盛放　为避免硝酸银见光分解，配制和盛放硝酸银异丙醇标准滴定溶液时，必须使用棕色容器；标准滴定溶液的有效期不超过 3 天，若出现浑浊沉淀，必须另行配制；在有争议时，应当天配制。

（4）滴定时间的控制　为避免滴定期间硫化物被空气氧化，应尽量缩短滴定时间。在接近终点等待电位恒定时，不能中断滴定。

6.4　金属腐蚀的测定

6.4.1　测定金属腐蚀的意义

金属材料与环境介质接触发生化学或电化学反应而被破坏的现象，称为金属腐蚀。金属腐蚀不仅会引起金属表面色泽、外形发生变化，而且会直接影响其力学性能，降低有关仪器、仪表、设备的精密度和灵敏度，缩短其使用寿命，甚至导致重大生产事故。金属腐蚀的本质是金属原子失去电子被氧化成金属离子。金属接触的介质不同，反应情况不同。通常将金属腐蚀分为化学腐蚀和电化学腐蚀两大类。加速金属腐蚀现象的根本原因在于金属材料本身组成、性质和金属设备所处的环境介质条件。

石油产品与金属材料接触所发生的腐蚀，既有化学腐蚀也有电化学腐蚀，高温情况下还可能发生更为严重的"烧蚀"现象。导致石油产品腐蚀金属设备、机械构件的因素很多，但直接原因就是石油产品中含有水溶性酸、碱和有机酸性物质及含硫化合物等，特别是石油产品中没有彻底清除的硫及其化合物对发动机及其他机械设备的腐蚀更为严重。

含硫物质按其化学性质可分为"活性硫"和"非活性硫"两大类。"活性硫"包括硫、硫化氢、低级硫醇、磺酸等，主要源于石油炼制过程中含硫化合物的分解产物，这些活性组分残留在轻质馏分油中，能直接与金属作用；"非活性硫"包括硫醚、二硫化物、环状硫化物等，主要存在于重质馏分油中，它们多为原油中固有的且在炼制过程中未能彻底分离出去的组分，其化学性质比较稳定，不能直接与金属作用，但燃烧后可转化为"活性硫"。例如，硫的氧化物，遇水后能够生成腐蚀性极强的硫酸或亚硫酸，进入大气中会造成空气污染并形成"酸雨"。

石油产品中的水溶性酸、碱及环烷酸、脂肪酸等，可以通过石油炼制过程中的精制工艺加以脱除，使其含量尽可能地少。但石油产品中的某些含硫化合物要完全将其脱除，不仅技术上有难度，而且经济上也不尽合理。尽管实际生产过程中对不同原料、中间产品和最终产品都有规范的质量指标控制，如水溶性酸、碱，酸度（值）和硫含量等，但这些质量指标还是不能很好地反映实际应用场合中成品油对金属材料的腐蚀倾向。因此，需要用铜片、银片腐蚀等试验来评价石油产品对金属材料的腐蚀性。

6.4.2 金属腐蚀测定方法

石油产品对金属材料的腐蚀性试验，是将金属试片放置（悬挂）于待测试样中，在一定温度条件下持续一段时间，根据金属试片的变化现象来评定石油产品有无腐蚀倾向的试验方法。该方法用以判断馏分油或其他石油产品在炼制过程中或其他使用环境下对机械、设备等的腐蚀程度。在试样中浸渍金属试片的腐蚀性试验，主要反映石油产品中"活性硫"含量的多少，但也能一定程度地显示出石油产品中酸、碱存在时的协同效果，因此可认为是一项较为综合的试验方法。

根据石油产品使用环境，可供腐蚀性试验选用的金属试片主要有铜片和银片。此外，也有使用其他金属试片来进行石油产品的腐蚀性试验的。例如，SH/T 0331—1992《润滑脂腐蚀试验法》，采用铜片和钢片等金属材料来进行试验；而 SH/T 0080—1991《防锈油脂腐蚀性试验法》，则利用了更多的金属试片（如铜、黄铜、镉、铬、铅、锌、铝、镁、钢、铁等）来进行试验，测定结果用不同金属试片的级别或质量变化（mg/cm^2）来表示。当然，金属试片在待测试样中所处的温度高低及滞留时间的长短，也主要取决于不同石油产品的实际使用环境。部分石油产品的铜片腐蚀性试验条件见表 6-5。采用试样浸渍金属试片的方式来检测不同介质对金属材料腐蚀性的试验方法，在非油品介质及其他行业中也不乏应用的实例，如 JB/T 7901—1999《金属材料实验室均匀腐蚀全浸试验方法》（等效采用 ASTM G31—

1985 NEQ)、GB/T 4334—2020 六种不同酸性介质的腐蚀性试验方法 ┤用试片的质量变化 [mg/(cm² · h)] 来表示┤ 都是基于相同的原理。因为这一简易模拟试验装置及其规定试验条件，能够更好地反映活性介质对金属材料腐蚀的实际情况。

表 6-5　部分石油产品的铜片腐蚀性试验条件（GB/T 5096—2017）

石油产品名称	加热温度/℃	浸渍时间/min
天然汽油	40±1	180±5
车用汽油、柴油、燃料油	50±1	180±5
航空汽油、喷气燃料	100±1	120±5
煤油、溶剂油	100±1	180±5
润滑油	100 或更高温度±1	180±5

下面重点介绍石油产品的铜片腐蚀试验和银片腐蚀试验。

1. 铜片腐蚀的测定

测定石油产品铜片腐蚀性试验，按 GB/T 5096—2017《石油产品铜片腐蚀试验法》中的试验方法进行。该标准等效采用 ASTM D130—1983，主要适用于测定航空汽油、喷气燃料、车用汽油、天然汽油或具有雷德蒸气压不大于 124kPa（930mmHg）的其他烃类、溶剂油、煤油、柴油、馏分燃料油、润滑油和其他石油产品对铜的腐蚀性程度。试验过程中使用的主要仪器设备为试验弹（内放盛样试验容器与金属试片）、液体浴或铝块浴等。

若试样的雷德蒸气压大于 124kPa，如天然汽油，则采用 SH/T 0232—1992《液化石油气铜片腐蚀试验法》。

铜片腐蚀试验测定的基本原理是：将一块已磨光好的规定尺寸和形状的铜片浸渍在一定量待测试样中，使石油产品中腐蚀性介质（如水溶性酸、碱、有机酸性物质，特别是"活性硫"等）与金属铜片接触，并在规定的温度下维持一段时间，使试样中腐蚀活性组分与金属铜片发生化学或电化学反应，试验结束后再取出铜片，根据洗涤后铜片表面颜色变化的深浅及腐蚀迹象，并与腐蚀标准色板进行比较，确定该石油产品对铜片的腐蚀级别。

试验过程中铜片表面受待测试样的侵蚀程度，取决于试样中含有多少腐蚀活性组分，由此预测石油产品在使用环境下对金属设备及构件的腐蚀倾向。铜片腐蚀标准色板的分级，见表 6-6。

表 6-6　铜片腐蚀标准色板的分级（GB/T 5096—2017）

级别(新磨光的铜片)	名称	说明
1	轻度变色	1) 淡橙色,几乎与新磨光的铜片一样 2) 深橙色
2	中度变色	1) 紫红色 2) 淡紫色 3) 带有淡紫蓝色或(和)银色,并覆盖在紫红色上的多彩色 4) 银色 5) 黄铜色或金黄色
3	深度变色	1) 洋红色覆盖在黄铜色上的多彩色 2) 有红和绿显示的多彩色(孔雀绿),但不带灰色

(续)

级别（新磨光的铜片）	名称	说明
4	腐蚀	1）透明的黑色、深灰色或仅带有孔雀绿的棕色 2）石墨黑色或无光泽的黑色 3）有光泽的黑色或乌黑发亮的黑色

通常用金属试片被待测石油产品腐蚀后的颜色变化或腐蚀迹象来判断腐蚀倾向。但有些腐蚀性试验既要观察受损金属试片的表观颜色变化，又要称其质量（如防锈油脂等）。燃料石油产品在运输、贮运和使用过程中，都面临同金属材料接触的问题，尤其是发动机汽化和供油系统中的燃料石油产品与金属构件的接触更为密切，故要求石油产品铜片腐蚀试验必须合格（见表6-7）。铜片腐蚀试验是石油产品质量控制的重要检测指标。

表6-7 部分石油产品腐蚀级别和试验条件及方法

石油产品名称	铜片腐蚀级别	银片腐蚀级别	试验条件	试验方法标准
车用汽油 （GB 17930—2016）	≤1	—	50℃、3h	GB/T 5096—2017
3号喷气燃料 （GB 6537—2018）	≤1	≤1	100℃、2h（铜片）	GB/T 5096—2017
			50℃、4h（银片）	SH/T 0023—1990
导轨油 （SH/T 0361—1998）	合格		100℃、3h	SH/T 0195—1992
通用锂基润滑脂 （GB/T 7324—2010）	无绿色或黑色	—	100℃、24h（乙法）	GB/T 7326—1987
	≤1		52℃、48h	GB/T 5018—2008

注：SH/T 0195—1992标准试验方法名称为《润滑油腐蚀试验法》。GB/T 7326—1987标准试验方法名称为《润滑脂铜片腐蚀试验法》。GB/T 5018—2008标准试验方法名称为《润滑脂防腐蚀性试验法》。

2. 银片腐蚀的测定

银片腐蚀性试验，主要用来检测喷气燃料中的"活性硫"，它比铜片腐蚀试验更为灵敏。随着航空事业的迅速发展，一些喷气发动机供油系统中的高压柱塞泵已经采用了镀银部件，以改善防腐蚀性能，延长使用周期。但在使用某些经铜片腐蚀性试验合格的喷气燃料时，还存在喷气发动机燃油泵镀银部件受侵蚀的现象。为此，喷气燃料要求进行银片腐蚀性试验，直接评定喷气燃料对金属银腐蚀的活性组分。这对改善喷气燃料的质量、防止其对银的腐蚀作用、保证燃油泵安全运行具有十分重要的意义。

石油产品银片腐蚀试验按SH/T 0023—1990《喷气燃料银片腐蚀试验法》中的试验方法进行。该标准参照采用IP 227/82（88），主要适用于测定喷气燃料对航空涡轮发动机燃料系统银部件的腐蚀倾向。试验过程中使用的主要仪器设备为银片腐蚀装置、水浴、银片等。

银片腐蚀性试验测定的基本原理是：将磨光好的银片浸渍在盛有250mL试样的试管中，再将其置入温度为50℃±1℃的水浴中，维持4h或更长时间，使试样中腐蚀性介质（如水溶性酸、碱、有机酸性物质，特别是游离硫和硫醇等）与金属银片发生化学或电化学反应，待试验结束后再取出银片，根据洗涤后银片表面颜色变化的深浅及腐蚀迹象，按标准中规定的银片腐蚀分级表确定该试样对银片的腐蚀级别。

银片腐蚀分级见表6-8。

表 6-8　银片腐蚀分级

级别	名称	现象描述
0	不变色	除局部可能稍失去光泽外,几乎和新磨光的银片相同
1	轻度变色	淡褐色,或银白色褪色
2	中度变色	孔雀屏色,如蓝色或紫红色或中度和深度麦黄色或褐色
3	轻度变黑	表面有黑色或灰色斑点和斑块,或有一层均匀的黑色沉积膜
4	变黑	均匀地深度变黑,有或无剥落现象

喷气燃料银片腐蚀试验法的主要试验步骤如下：量取 250mL 试样注入银片腐蚀装置的盛样磨口试管中。将银片悬放在冷凝器（与磨口试管盖联体）下端玻璃钩所挂的玻璃框架上，一并浸到内盛试样的银片腐蚀装置的磨口试管中，盖上带有冷凝器的磨口盖。连接冷凝器上的冷却水流（入口水温在 20℃±5℃ 范围），控制其流速为 10mL/min。将上述装配妥当的银片腐蚀装置浸入水浴中至盛样磨口试管浸入线处，维持温度为 50℃±1℃。当达到规定试验时间 4h 时，取出银片浸入异辛烷中，随后立即取出，用滤纸吸干，检查银片的腐蚀痕迹。

部分石油产品质量指标中规定的银片腐蚀级别见表 6-7。

6.4.3　影响测定的主要因素

关于石油产品对金属材料的腐蚀性试验（除润滑脂、防锈油脂外），需要特别强调指出的是：不同种类的金属试片绝不能同时放在同一盛样试管的石油产品中，以防止金属发生原电池反应，导致某一金属试片过度腐蚀，不能准确判断测试结果；在同一盛有试样的试管中，也不允许放入多于标准中规定数量的同类金属试片，以防止石油产品中能促使金属材料腐蚀的活性组分有效浓度降低，使测定结果产生误差。

1. 铜片腐蚀试验

（1）试验条件的控制　铜片腐蚀试验为条件性试验，试样受热温度的高低和浸渍试片时间的长短都会影响测定结果。一般情况下，温度越高，时间越长，铜片就越容易被腐蚀。

（2）试片洁净程度　所用铜片一经磨光、擦净，绝不能用裸手直接触摸，应当使用镊子夹持，以免汗渍及污物等加速铜片的腐蚀。

（3）试剂与环境　试验中所用的试剂会对结果有较大的影响，因此应保证试剂对铜片无腐蚀作用；同时还要确保试验环境没有含硫气体存在。

（4）取样　试验样品（尤其是用过的油）不允许预先用滤纸过滤，以防止具有腐蚀活性的物质损失。用未过滤的试样进行腐蚀性试验，除定性地检测试样中能引起金属腐蚀的游离硫和活性含硫化合物外，还包括可以引起金属腐蚀的水和溶于水中的酸、碱性物质等。

（5）腐蚀级别的确定方法　当一块铜片的腐蚀程度恰好处于两个相邻的标准色板之间时，则按变色或失去光泽严重的腐蚀级别给出测定结果。

2. 银片腐蚀试验

（1）试验条件的控制　银片腐蚀试验也为条件性试验，试样受热温度的高低和浸渍试片时间的长短也会影响测定结果。

（2）取样操作　银片腐蚀性试验所用的取样容器，最好为带有磨口盖的棕色玻璃瓶。取样时应在阴凉处进行，装满样品后应立即盖好盖子，避免空气介入和阳光照射，防止气体硫化物逸出和外界空气及其他杂质进入瓶内污染样品，同时也可避免试样中的含硫化合物被氧化。取样后的试样应迅速地进行试验。

（3）试样的预处理　在银片腐蚀试验的准备工作中，除要求尽量避免接触空气和阳光照射以外，还要求试样不含悬浮水。银片对腐蚀活性物质的敏感程度较铜片灵敏，当它与水接触时极易形成渍斑，造成评级困难。因此，一旦发现试样中有悬浮水存在，应用滤纸将其滤去。但通常情况下，成品喷气燃料中一般不会含有悬浮水，除非是石油产品在运输或贮存中发生偶然事故。

第 7 章

石油产品安定性的测定

石油产品在运输、贮存及使用过程中，保持其质量不变的性能，称为石油产品的安定性。石油产品在运输、贮存及使用的过程中，常有颜色变深、胶质增加、酸度增大、生成沉渣的现象。这是由于石油产品在常温条件下氧化变质的缘故，属化学性质变化，称之为化学安定性或抗氧化安定性；石油产品在较高的使用温度下，产生的氧化变质倾向，属于热氧化安定性范畴，又称热安定性。通常讨论的石油产品安定性指的就是其化学安定性或热氧化安定性。

由于不同石油产品的组成存在差异，且实际应用环境不尽相同。故评价各种石油产品安定性的试验方法也有区别，通常从以下两个方面考虑：一是测定石油产品中不饱和烃类和非烃类物质的含量（如碘值、实际胶质等），以预测石油产品的变质倾向；二是人为施加给石油产品一个模拟的加速氧化变质条件（如升高温度或供给氧气等），来预测特定使用环境下石油产品的不稳定倾向（如诱导期、氧化安定性等）。

7.1 汽油的安定性

7.1.1 测定汽油安定性的意义

安定性好的汽油，在贮存和使用过程中不会发生明显的质量变化；安定性差的汽油，在运输、贮存及使用过程中会发生氧化反应，易于生成酸性物质、黏稠的胶状物质及不溶沉渣，使油品颜色变深，导致辛烷值下降且腐蚀金属设备。汽油中生成的胶质较多，会使发动机工作时油路阻塞。供油不畅，混合气变稀，气门被黏着而关闭不严；还会使积炭增加，导致散热不良而引起爆震和早燃等。以上原因都会导致发动机工作不正常，增大油耗。测定汽油安定性的质量指标有实际胶质和诱导期。

7.1.2 影响汽油安定性的因素

油品安定性的好坏，首先取决于油品本身的化学组成，特别是不饱和烃类和非烃类物质含量的多少；其次是油品的运输、贮存和使用条件，如光照、受热、空气氧化及金属催化等。油品中的不安定组分在阳光照射、基体受热、空气氧化及金属催化的情况下，会发生氧化、聚合、缩合等反应，生成酸性物质、黏稠胶质等，严重时可从石油产品中析出，形成固态沉积，导致油品质量下降或恶化。油品安定性变差的明显特征是其颜色变深、酸度（值）

上升、胶质增加。一般而言，含硫原油、高硫原油二次加工所得的汽油，含不饱和烃较多，含硫、氮、氧化合物也相应增多，安定性较差。油品中的硫、氧、氮等非烃化合物与不饱和烃的协同作用，使形成胶质产生沉淀的可能性增大，这将严重影响油品的贮存安定性、热安定性和抗氧化安定性。

油品形成胶状物质沉淀的原因十分复杂，但一般认为低温时沉淀的生成是自由基氧化反应的结果，高温时沉淀的生成主要是油品中不安定组分裂解和自由基引发氧化、聚合、缩合等反应造成的。在贮存过程中或使用条件下，只要具备光照、氧气、高温和金属催化条件，油品中的一些不安定组分就能分解出活泼的自由基，进而加速油品氧化变质进程。

7.1.3　测定汽油安定性的方法

测定汽油安定性的主要标准试验方法有 GB/T 509—1988《发动机燃料实际胶质测定法》、GB/T 8019—2008《燃料胶质含量的测定　喷射蒸发法》、GB/T 256—1964《汽油诱导期测定法》、GB/T 8018—2015《汽油氧化安定性测定　诱导期法》、SH/T 0237—1992《汽油贮存安定性测定法》等。下面着重介绍汽油安定性的两个重要指标：实际胶质和诱导期。

1. 实际胶质

（1）胶质　汽油在贮存和使用过程中形成的黏稠、不易挥发的褐色胶状物质称为胶质。根据溶解度的不同，胶质可分为三种类型：第一种是不可溶胶质或沉渣，它在汽油中形成沉淀，可以通过过滤的方法分离出来；第二种是可溶性胶质，这种胶质以溶解状态存在于汽油中，只有通过蒸发的方法才能使其作为不挥发物质残留下来，测定实际胶质就用这种方法；第三种是粘附胶质，是指不溶于汽油中并粘附在容器壁上的那部分胶质，它与不可溶胶质共存，但不溶于有机溶剂中。以上三种胶质合称为总胶质。

实际胶质是指在试验条件下测得的航空汽油、喷气燃料的蒸发残留物或车用汽油蒸发残留物中不溶于正庚烷的部分，用 mg/100mL 表示。

实际胶质是用于评定汽油或喷气燃料在发动机中生成胶质的倾向、判断燃料贮存安定性的重要指标。当实际胶质含量较小时，能以真溶液的形式存在于汽油中，其着色能力很强。随着石油产品氧化变质的加剧，胶质含量不断增加，油品颜色进一步变深，甚至生成黑褐色胶状沉淀，阻碍发动机燃烧系统正常工作。通常，发动机燃料中实际胶质的含量越大，在发动机运行中形成的沉积物的数量也越多。当实际胶质超过一定限量时，会引起供油系统、活塞及燃烧室中炭沉积的增加，故实际胶质可作为发动机燃料在使用时生成胶质倾向的衡量指标。此外，实际胶质还可作为发动机燃料在贮存时氧化安定性好坏的控制指标之一，由于炼制工程所用原料的不同，燃料油品中一些不安定组分的含量也不同，所以贮存条件下的安定性也不一样。如热裂化汽油往往含有较高的不饱和烃，其贮存安定性较差，在阳光、受热、有氧及某些金属的催化作用下，油品中的不饱和烃就很容易氧化而生成胶质。因此，某些汽油要定期测定其实际胶质的含量，并根据测定结果决定是否可以继续贮存还是应当立即使用。在我国车用无铅汽油的质量指标中，要求实际胶质含量不大于 5mg/100mL。

（2）测定方法概述　石油产品中实际胶质的测定，实际上就是在控制温度、空气或水蒸气流速的条件下蒸发掉液体燃料油中的基体成分，测定所剩残留物的质量。各种燃料油的馏分切割范围及应用环境不同，为此，在测定时也相应采用了控制不同蒸发温度及携带气流速度的措施。通常，实际胶质的测定允许用 GB/T 509—1988 标准试验方法，但仲裁试验必须以 GB/T 8019—2008 标准试验方法的测定结果为准。

2. 诱导期

诱导期是指在规定的加速氧化条件下，油品处于稳定状态所经历的时间，以 min 表示。

诱导期是国际普遍采用的评定汽油抗氧化安定性的重要指标，它表示汽油在长期贮存中氧化并生成胶质的倾向。显而易见，诱导期越长，油品形成胶质的倾向越小，抗氧化安定性越好，油品越稳定，可以贮存的时间越长。但并不是所有的油品都是如此，当油品胶质形成的过程以缩（聚）合反应为主时，并不遵循这一规律。例如，有的石油产品在试验条件下并不是以吸收氧气后的氧化过程作为优势反应，虽然在测定过程中氧气的消耗量不多且实测诱导期又较长，但贮存过程中生成胶质的速率仍很快，安定性并不好。

通常情况下，经由热裂化、催化裂化炼制工艺所制得的汽油，由于油品中含有一定量的不饱和烃，其诱导期较短、极易被氧化，贮存时容易形成胶质；一般而言，汽油诱导期为360min 时可贮存 6 个月；只有诱导期达到 500min 以上的汽油，才适宜较长时间贮存。GB 18351—2017《车用乙醇汽油 E10》和 GB 17930—2016《车用汽油》的质量指标均要求诱导期不少于 480min。

要提高汽油的安定性，除改进炼制工艺以外，还可往油品中加入抗氧防胶剂和金属钝化剂，以延缓其氧化速率。

7.1.4 影响测定的主要因素

1. 实际胶质的影响因素

（1）加热温度对测定结果的影响　一般来说，在空气中有氧存在的试验条件下，胶质生成速率随温度的升高而增大，故当控制的水浴温度超过标准规定时，测定的结果将偏大；当控制的水浴温度过低时，油品基体成分无法蒸发完全，测定的结果也会偏大。

（2）空气（或蒸气）流速的控制　若初始阶段空气（或蒸气）流速较大，会引起油滴飞溅至外面，则测定结果偏低；若自始至终空气（或蒸气）流速都较小，由于施加于试样中的携带易挥发产物的流速低且氧气的供应量也不足，则测定结果偏大。

（3）盛装试样的容器要采用玻璃仪器　对同一试样，当盛样容器为金属材质时，由于其对试样胶质的生成具有催化作用，故所测结果通常比玻璃容器偏大。因此，测定实际胶时要求都使用玻璃器皿作采样和盛样容器，而不使用钢或铜质的容器。

（4）空气流的净化程度　通常采用钢瓶供应空气效果较为理想；当用空气压缩机供应空气时，设备中的润滑油容易夹带在供气流中，如果净化过程效果不佳，这类油污在测试温度下又难以蒸发，会使测定结果偏大；用工业风管作为空气流来源时，也要注意净化问题，以免把水分、油分、铁锈等杂质带入盛样烧杯中。

2. 诱导期的影响因素

（1）氧气压力　在调试诱导期测定器的气路密闭性时，灌入的氧气量要符合标准规定，在较低或较高压力下通入氧气的目的，一方面在于吹出弹内的空气，另一方面是为了检查气路系统各部件在规定压力下能否正常工作。在 15～20℃温度下，应调整弹内的氧气压力为 686.5kPa±4.9kPa，并要保证不漏气。

（2）测定器安装状况　测定器的安装状况对测定结果的影响很大，若漏气，哪怕是难以发觉的渗漏，都会造成测定结果的不准确。为了确保供气系统严密不漏气，应正确使用测定器上的各丝扣部件。拧紧时必须对称，用劲要均匀，平时还应做好维护工作。

（3）水浴温度　温度是诱导期测定的主要条件之一，温度的高低直接影响测定结果的精密度。当用 GB/T 256—1964 标准方法测定时，水浴温度必须控制在 100℃±1℃ 范围；当应用 GB/T 8018—2015 标准方法测定时，水浴温度允许控制在 100℃±2℃。注意应根据当地气压的高低适当调整浴液，如大气压力低，当水被加热至沸腾状态仍达不到试验温度要求，可添加适量甘油或乙二醇，或直接采用油浴装置。

7.2　柴油的安定性

7.2.1　测定柴油安定性的意义

与汽油相似，影响柴油安定性的主要原因是油品中存在不饱和烃（如烯烃、二烯烃）及含硫、氮化合物等不安定组分。柴油的安定性对柴油机工作的影响与汽油的安定性对汽油机工作的影响也基本相同。目前评价柴油安定性的指标主要有贮存安定性和热氧化安定性（通过提高试验温度来进行柴油的安定性试验，又称为柴油的热安定性试验）。轻质柴油的热氧化安定性试验近年来已为人们所关注，它反映了柴油在受热和有溶解氧的作用下发生氧化变质的倾向。只有贮存安定性、热安定性较好的柴油，才能保证柴油机正常工作。安定性差的柴油，长期贮存，可在油罐或油箱底部、油库管线内及发动机燃油系统生成不溶物。通常，用试验条件下（SH/T 0175—2004）的总不溶物评定。

7.2.2　柴油安定性测定方法

柴油的贮存安定性是指油品在运输、贮存中保持其性质不变的能力。评定柴油贮存安定性的试验方法有多种，如 SH/T 0184—1992《柴油贮存安定性测定法（冰乙酸-甲醛法）》、SH/T 0238—1992《柴油贮存安定性测定法》、SH/T 0175—2004《馏分燃料油氧化安定性测定法（加速法）》等，它们通常以生成沉渣的数量来评定柴油的安定性。

1. 冰乙酸-甲醛法

测定柴油的贮存安定性，按 SH/T 0184—1992《柴油贮存安定性测定法（冰乙酸-甲醛法）》中的试验方法进行，该方法主要适用于测定不加添加剂的柴油，试验过程中使用的主要仪器设备为电动振荡机（康氏）、离心机和烘箱。

柴油贮存安定性（冰乙酸-甲醛法）测定的主要步骤如下：

将清洁、干净的试管放在 140℃±2℃ 烘箱中恒温 1h 后，放入干燥器中冷却 30min 后称量，直至连续两次称量之差不超过 0.0004g 为止。取 5mL 试样于已知质量的试管中称量，然后加入冰乙酸-甲醛混合溶剂。将上述试管盖上磨口塞，放在振荡机内振荡 15min，取出后再放入离心机中分离 5min。用吸液管吸去试管中的油相，再用石油醚多次冲洗试管磨口塞、内壁和下层溶剂相，摇匀、分层后，弃去上层石油醚及油分，直到混合溶剂相中的油迹洗净为止。将清洗好带有混合溶剂相的试管放入 140℃±2℃ 烘箱中恒温 5h 蒸干混合溶剂（注意用通风橱排风），再将其放入干燥器中冷却 30min 后称量，直至连续两次称量之差不超过 0.0004g 为止。

采用冰乙酸-甲醛法测定柴油的贮存安定性，属于常温贮存安定性试验法。该方法操作简单、快速，其有效预测期为 1 年，预测成功率可达 90% 以上。

2. 催速法

SH/T 0238—1992《柴油贮存安定性测定法》中的试验方法主要适用于测定除加氢以外的各种柴油，也适用于评定、筛选柴油抗氧化添加剂，试验过程中使用的主要仪器设备为柴油贮存安定性测定装置（见图 7-1）、油浴、镍滤锅及玻璃纤维滤纸、真空泵及吸滤瓶、干燥箱和分光光度计等。

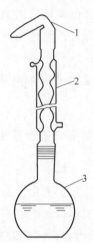

测定的基本原理是：在 1L 的带有冷凝管的烧瓶内，装入 700mL 试样，并将其置于甘油浴中恒温至 100℃±0.5℃、持续 16h（或 50℃，4周）加速贮存后，用玻璃纤维滤纸过滤试样，测定试样中的沉渣量和颜色变化，以评定柴油的贮存安定性。

催速法测定柴油贮存安定性的主要试验步骤如下：

准确量取 700mL 已经处理好的试样于测定装置的烧瓶中，放进油浴温度为 100℃±0.5℃ 的工业丙三醇（甘油）浴中，使测定装置中的烧瓶圆球部分全部浸没在油浴中，启动油浴搅拌装置并记下试验开始时间。在 100℃ 加速贮存 16h（或 50℃，4 周），停止油浴和搅拌，取出试验烧瓶，用自来水冲洗其外部冷却 5min，再放到暗箱中自然冷却至室温。

图 7-1 柴油贮存安定性测定装置

1—通气弯管 2—冷凝管 3—烧瓶

将冷却后的试液倒入铺有玻璃纤维滤纸的滤锅内，控制适当真空度（26.7~66.7kPa），抽滤至 1000mL 吸滤瓶中，将过滤的滤液转入干净的试剂瓶中。用石油醚多次洗涤试验烧瓶中的油迹，直至无油为止，将洗涤液均倒入滤锅中进行抽滤。再用苯-乙醇溶液多次洗涤粘附在试验烧瓶中的沉渣使其溶解，洗涤液均倒入滤锅中用另一吸滤瓶进行抽滤，继续用苯-乙醇混合溶液进行洗涤，直至滤纸和试验前一样洁白（或虽有颜色，但滤液无色）为止。将过滤的滤液转入事先已称量的锥形瓶中。用水浴将锥形瓶中的苯-乙醇混合溶液蒸干，放入温度为 105℃±3℃ 的烘箱中干燥至少 30min，再放到干燥器内冷却 30min 后称量，直至连续两次称量之差不超过 0.0004g 为止。将重复测定（平行试验）的两次试样过滤的试液合并在一起，用分光光度计测定其透光率（采用 460nm 波长、1cm 比色皿，以蒸馏水为参比液）。

测定颜色变化的试液，是试验结束后沉渣分离（用玻璃纤维滤纸过滤）后的液相，并采用分光光度计测定其透光率。

7.2.3 影响测定的主要因素

1. 冰乙酸-甲醛法

（1）溶剂存在状态 冰乙酸应在高于 15℃ 环境下使用，防止析出结晶；当甲醛溶液有沉淀现象时，应使用上面的澄清溶液。

（2）洗涤程度　标准中使用的石油醚（60～90℃）洗涤溶液，是一种相对分子质量较低的烃类混合物，其主要作用是驱除油品基体中的油分，必须按标准规定冲洗到位，使油相与溶剂相中的残留物彻底分开，不然测定结果将偏高。

2. 催速法

（1）加热温度　油浴温度一定要控制在100℃±0.5℃，温度偏高，则沉渣增加，透光率降低。

（2）取样　试验过程中取来的试样，应尽快进行分析测定，以防止试样中的部分组分氧化变质。

（3）洗涤程度　用石油醚洗涤烧瓶内壁油迹和滤锅内油分时，一定要洗涤彻底，直至无油为止，否则将使测定结果偏高；当用苯-乙醇溶液洗涤（溶解）粘附在试验烧瓶中的沉渣和镍滤锅内滤纸上的沉淀时，必须将待测沉渣彻底溶解下来，不然将导致测定结果偏低。

7.3　润滑油的安定性

7.3.1　测定润滑油安定性的意义

润滑油是石油产品中品种、牌号最多的一大类产品，其中包括工业（车辆）齿轮油、汽轮机油、内燃机油、压缩机油、冷冻机油、轴承用润滑油、船舶用润滑油、电器绝缘油、液压油和液力传动油、热传导液油、切削液油、防锈油（脂）等。润滑油的主要功能是减少金属或塑料等相互间、机件表面相对运动所造成的摩擦及能量损耗。有的润滑油只能作为特殊应用场合的载体，如电器绝缘油、热传导液油等。润滑油的主体功能除了润滑以外，不同类型的润滑油还具有绝缘、传热、密封、清洁、防锈等功能。

润滑油在贮存和使用过程中，因光照、受热及与空气中的氧气接触，会氧化变质，生成酸类、胶质和沉积物等。这些氧化产物聚集在油中，会使油品的理化性质发生变化，如颜色变暗、酸度增大、黏度改变等。生成的胶质和沉渣会使发动机润滑系统的过滤器及导油管堵塞，引起气缸活塞环黏结，使发动机功率降低；生成的酸性物质会腐蚀轴承或机件，缩短金属设备的使用周期。例如，电器绝缘油氧化后，酸性产物能使浸入油品中的纤维质绝缘材料变坏、污染油质，使介质损失增加并降低介电强度；沉积物覆盖在变压器线圈表面，会堵塞线圈冷却通路，易过热甚至烧坏设备。

因此，润滑油的使用寿命在很大程度上取决于油品的安定性，油品的安定性不好，贮存或使用过程中酸值（度）就容易增加，运动黏度也发生变化。我国汽油机油、柴油机油的换油指标就是由运动黏度变化、酸值增加值等项目来监控的。

一般而言，润滑油在常温下运输和贮存是很稳定的，但在使用环境中，由于油品要与金属等材料表面接触，发生摩擦、受热、氧化及金属催化等作用，将会产生不安定的倾向。润滑油氧化变质的主要影响因素如下：

（1）温度影响　温度对润滑油氧化速率与变质倾向有很大的影响，常温常压下润滑油在空气中的氧化速率非常低。长期贮存在油罐或其他容器中的润滑油，虽然在整个贮存期间都可能与空气接触，但其质量一般没有多大变化。当温度升高时，润滑油的自身氧化倾向会开始萌发，到 50~60℃时，氧化速率就可显现出来，温度再升高，油品氧化变质的速率也会随之加快，最终可能导致酸性物质沉淀和漆状物的生成。润滑油的使用环境温度越高，这种现象越明显。

（2）接触空气　润滑油的使用环境与空气接触的机会越大，被氧化的可能性也就越大，生成的氧化产物的数量也就越多。与空气接触产生氧化变质的实质是环境可向油品应用场所不断供给氧气，润滑油应用环境中氧的分压与其被氧化的速率呈正相关的关系。

（3）金属催化　润滑油的使用环境经常要与不同金属密切接触，形成潜在的金属盐类，这些微量的金属及其盐类，具有加速润滑油氧化变质的作用，如铜、铁、镉、锡、锰等及其氧化物都可视为润滑油氧化变质的催化剂。

（4）成膜厚度　润滑油一般在使用过程中有两种氧化状况：一是薄层氧化，即以很薄的一层油膜与空气接触，其工作环境温度也比较高（200℃以上），且有金属及其氧化物存在；二是厚层氧化，即以很厚的油层或油介质与空气接触（也可能接触较少），其工作环境温度一般较低（100℃以下）。后者氧化的速率比较缓慢，金属催化的功能也不强，如电器用油、部分液压油等即属此类。若为前者，当温度升高、接触空气、金属催化等几个外在因素都存在时，即使是润滑油的化学组成十分理想且稳定性、抗氧化能力很强，也需要加入适量的添加剂。

7.3.2　润滑油安定性测定方法

根据润滑油的种类及其使用环境条件的不同，润滑油安定性的评定可采用抗氧化、热氧化等标准试验方法，其中包括缓和（非强化）氧化、深度（强化）氧化等不同测定手段。深度（强化）氧化安定性测定，通常需要额外供给氧气；热氧化安定性测定，试验温度通常较高，一般只与空气接触、不会额外供给氧气；抗氧化安定性测定，试验温度为 100℃左右或稍高，通常也需要额外供给氧气。标准试验方法中规定的试样温度、供气状态和维持时间，在于对待测试样应用环境的模拟程度，如变压器油（GB 2536—2011）的加热温度为 100℃，航空喷气机润滑油（GB 439—1990）的加热温度为 175℃。当然，若把油品放在发动机上进行模拟测定，其结果将更加贴近实际，如内燃机油的 L-38 法试验等。

无论采取哪种标准试验方法，一般都需要试样与作为催化剂（或将其理解为使用场合的接触材料）的金属片（球、丝圈、螺旋线或器皿甚至是设备等）相互接触，但测定结果的表达方式却不尽相同，可选用试样中沉淀或残留物数量的增加，酸、碱含量、黏度的变化，内置金属材料质量的改变，氧气压力下降的程度等指标来表征。

以下主要介绍润滑油抗氧化安定性和热氧化安定性的测定。

1. 抗氧化安定性的测定

润滑油在贮存与使用过程中，不可避免地要与空气中的氧气接触，在条件适宜的情况下，将生成一些新的氧化物（如酸类、胶质等），这一现象称为润滑油的氧化。润滑油在一定的外界条件下，抵抗氧化变质保持其自身性质不发生变化的能力，称为润滑油抗氧化安定性。这些新生成的氧化产物聚集在油品中，会使油品的外观和理化性质发生变化，如颜色变暗、黏度变大、酸性增加，并有胶状物析出，腐蚀零件或令发动机不能正常工作。因此，抗氧化安定性是润滑油的一项重要质量指标。

测定润滑油的抗氧化安定性，按 SH/T 0196—1992《润滑油抗氧化安定性测定法》中的试验方法进行，主要适用于测定润滑油抗氧化安定性，测定润滑油抗氧化安定性（缓和氧化）的基本原理是：称取试样 30g（称准至 0.1g），加到洁净、干燥的氧化管内，再向氧化管中放入钢球和铜球各一枚作催化剂，在 125℃±0.5℃ 的油浴中浸入装好试样和金属球的氧化管，将流速为 50mL/min 的空气连续通入试样中氧化 4h，收集氧化后生成的挥发性酸和测试样品中的水溶性酸，再用氢氧化钠溶液滴定，测定其水溶性酸含量。

测定润滑油抗氧化安定性（深度氧化）的基本原理，与上述缓和氧化测试方法大体相同，其不同的地方主要有三处：一是催化剂采用的是在钢质螺旋线圈中置入铜片；二是氧化气流采用的不是空气而是氧气（流速为 200mL/min，采用氧气钢瓶供气，一般不需要洗气瓶）；三是持续氧化时间为 8h（比缓和氧化多出 4h）。试验结果用氧化后生成的不溶于石油醚的沉淀物的质量分数和试样的酸值来表示。深度氧化试验装置与缓和氧化试验装置基本相同，但供气源为氧气钢瓶。润滑油的种类与规格不同，其质量指标中抗氧化安定性的允许值及要求也不同，通常氧化安定性项目用试验结果来报出即可，但有些石油产品质量指标中则有明确规定，如 SH/T 0017—1990《轴承油》中规定氧化后生成沉淀的质量分数不大于0.02%，酸值增加不大于 0.2mgKOH/g。润滑油抗氧化安定性的程度，是通过油品氧化后生成的沉淀物质数量和酸值来作为判断依据的，通常氧化后酸值的大小可作为油品抗氧化程度的重要指标，同时也可作为在用油品能否继续使用的依据。缓和氧化试验，结果用酸值表示；深度氧化试验，结果用酸值和沉淀物含量两个指标来表示。润滑油的抗氧化安定性越好，则氧化后所能得到的酸值、沉淀物含量越低，使用时造成的潜在危害也越小。

2. 热氧化安定性的测定

润滑油热氧化安定性是指油品抵抗氧和热的共同作用，而保持其性质不发生永久变化的能力。由于内燃机润滑油经常在高温条件下工作，这就要求其不仅在一般条件下具有良好的氧化安定性，而且要求其在高温条件下也具有良好的热氧化安定性。润滑油在高温条件下的氧化过程非常激烈，工作条件最苛刻的部位是活塞组的活塞环区。在高温下，零件表面的薄层润滑油中一部分轻馏分被蒸发，另一部分在金属催化下深度氧化，最后生成氧化缩聚物（树脂状物质）沉积在零件表面，形成涂膜。曲轴箱中油温虽然低一些，但由于润滑油受到强烈的搅动和飞溅，它们与氧的接触面积很大，所以氧化作用也十分强烈，使油品中可溶和不可溶的氧化物增多，如树脂状物质、悬浮的固体氧化物和杂质增加。上述物质也能沉积在活塞环槽内，加上吸附燃气中的碳化物，进一步焦化，形成涂膜。涂膜有很大的危害，因其导热性很差，从而使活塞升温，严重时会造成粘环，破坏气缸的密封性，使气缸壁磨损剧增，以致严重擦伤。所以，发动机润滑油要求有良好的热氧化安定性。特别是现代高性能发动机的热负荷很高，如有的增压柴油机需向活塞内腔喷射润滑油来降低其温度，这就对润滑油的热氧化安定性提出了更高的要求。在测定热氧化安定性的特定条件下，若润滑油覆盖于金属表面的薄层抵抗漆状物生成的时间越长，则表明润滑油的热氧化安定性越好。

测定润滑油热氧化安定性按 SH/T 0259—1991 标准试验方法进行，试验过程中使用的主要仪器设备为漆状物形成器、空气压缩机、钢饼、钢质蒸发皿等。

润滑油热氧化安定性的测定过程：使用差减法称取 0.04g（称准至 0.0002g）试样滴入温度恒定为 250℃±1℃ 的钢质蒸发皿（直径为 2cm 左右）内，使油品薄层在有空气存在的情况下受热，进而在金属表面氧化裂解，生成低沸点的气态产物和相对分子质量较大的漆状物。随着试验持续时间的增加，这些覆盖有试样薄层的蒸发皿在漆状物形成器中受热时，由于发生氧化裂解而使一部分油品基体成分分解，生成气态产物，另一部分重质油品成分则生成叠合产物——漆状物。也就是说，试验中在不断地发生工作馏分逐渐减少、漆状物不断增加的现象。当工作馏分组成和漆状物组成的质量分数均达到 50% 时，所需的试验时间即为润滑油热氧化安定性的试验结果，以 min 表示。GB 440—1977《20 号航空润滑油》质量指标中规定，热氧化安定性不小于 25min。

7.3.3　影响测定的主要因素

1. 抗氧化安定性

（1）温度　温度对润滑油氧化过程的速率影响很大。通常，试验温度规定为 125℃±0.5℃（不同油品，还可以改变试验温度），高于此温度氧化速率将加快，低于此温度氧化速率则变慢。

（2）气流速度　气体通入的流速对测定结果也有影响，增加氧气的通入量，能加快氧化反应速率；反之，通入的氧气量低于标准规定要求，则会减慢氧化反应速率。

（3）金属催化剂形状　试验中所加入的金属部件的尺寸大小及处理情况等都会对测定结果产生影响，因为这些金属是试样氧化作用的催化剂，尺寸和表面处理情况将影响油品与催化剂的有效接触面积，从而制约试样的氧化变质过程。

（4）仪器设备清洁程度　氧化管等仪器必须洗净、干燥，内部不残存任何污物及水分，否则有可能使测定结果偏高。因为洗涤液、有机酸等都可能加速油品的氧化；水分的存在能加速金属腐蚀形成有机酸盐，从而在油品的氧化中起催化作用。

2. 热氧化安定性

（1）加热温度　加热温度会影响漆状物的生成量及生成速率，在整个试验过程中，温度应控制在 250℃±1℃，蒸发皿的加热应保持这一温度，否则会影响测定结果。

（2）试样量及其均匀性　滴入蒸发皿中的试样量均匀性对结果影响很大。所用加样吸液管除事先需要校正尖端大小外，还要保证每份加样量为 4 滴，在滴加试样时不应连续 4 滴一次加入一个蒸发皿内，应分别滴在不同的蒸发皿上，这样操作的误差最小。否则，因温度及最初和最后加入试样的表面张力、黏度的不同，将影响各个蒸发皿内试样的油层厚度。

（3）盛样器皿　蒸发皿和钢饼表面的磨光和洁净程度对结果有一定的影响，因为表面光滑与洁净与否影响着油层分布及受热均匀性。

（4）抽提溶剂　对抽提溶剂正庚烷有明确的要求，所用的正庚烷不应含有芳烃组分，否则将影响测定结果。

第 **8** 章

石油产品电性能的测定

石油产品电性能的测定，主要是针对电器用绝缘油而言的，其中包括变压器、电容器、整流器、互感器、开关设备和电缆中所使用的不同种类绝缘油。绝缘油既可单独应用又可与其他固体绝缘材料一起，作为电器设备的绝缘介质或导热载体，抑或两者兼而有之。介质损耗因数和击穿电压是评定绝缘油电性能及使用过程中石油产品变质程度或受污染情况的重要指标。如果运行中的石油产品变质、电性能下降，则需要及时更换新油或对使用过的石油产品进行再生处理，以保证电器设备的安全运行。

8.1　介质损耗因数的测定

8.1.1　介质损耗因数及其测定意义

1. 介质损耗因数的含义

绝缘油在电场的作用下，由于介质电导和介质极化的滞后效应，在其内部引起的能量损耗，称为介质损耗，简称介损。介质损耗因数指的是衡量介质损耗程度的参数。

在交变电场作用下，电介质内流过的电流相量和电压相量之间的夹角（功率因数角 Φ）的余角 δ 称为介质损失角。介质损耗用线路消耗的瓦数来测量，通常用油品的介质损失角 δ 的正切值 $\tan\delta$ 来表示，称为介质损耗因数。

2. 介质损失的产生

绝缘油在电场作用下，会产生电导损耗和极化损耗。所谓电导损耗是指由于石油产品自身存在的微弱导电能力而损耗的部分电能；而极化损耗则是由于石油产品中含有微量水、有机酸等极性分子，在交变电场的作用下，使极性分子产生极化运动所消耗的电能。这两种能量损失，都是由电器用油（电介质）本身组成中的不良组分引起的，故称为介质损失。

3. 介质损耗因数的原理

当测定绝缘油介质损耗时，可将试样看成是电容器的介质。在交流电压作用下，电介质存在能量消耗，通过绝缘油的电流分为两部分：一是无能量损耗的无功电容电流 I_C；二是有能量损耗的有功电流 I_R，二者的合成电流为 I。它们的等效电路和向量图如图 8-1 所示。

通常，$I_C \gg I_R$，且 δ 角很小，故介质损失可用任意电路中的一般功率公式计算。

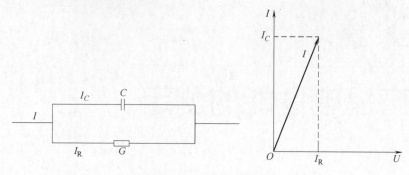

图 8-1　等效电路和向量图

$$P = UI_R = UI_C \tan\delta \tag{8-1}$$

根据电学知识，$I_C = \dfrac{U}{x_C}$，$x_C = \dfrac{1}{\omega C}$，$C = \varepsilon \dfrac{S}{d}$，其中，$x_C$ 为容抗（Ω）；

则

$$P = \frac{U^2 \omega S \varepsilon}{d} \tan\delta \tag{8-2}$$

式中　P——介质损耗功率（W）；

　　　U——外部施加电压（V）；

　　　ω——交流电源角频率（s^{-1}）；

　　$\tan\delta$——介质损失角正切值；

　　　S——电容器平板电极的面积（cm^2）；

　　　d——电容器两平板电极间的距离（cm）；

　　　ε——介电常数（F/cm^2）。

对于固定的电容器，在外加电压和频率一定的情况下，U、ω、S、d 均为常数，所以式（8-2）可简化为

$$P = K\varepsilon \tan\delta \tag{8-3}$$

对于一般的绝缘油，在保证一定纯度的情况下，ε 的变化范围很小，可视为常数，故式（8-3）还可以简化为

$$P = K\tan\delta \tag{8-4}$$

由式（8-4）可知，绝缘油的损失功率与介质损失角正切值成正比，即绝缘油绝缘性能的好坏由介质损失角的正切值所决定。因此，绝缘油的介质损失一般不用油品介质损失功率（P）表示，而用介质损失角正切值（$\tan\delta$）来表示。

介质损失角正切值简称介质损失角正切，简称介质损失或介质损耗（接触）因数，实际上它还等于有功电流（I_R）与无功电流（I_C）之比值。

4. 测定介质损耗因数的意义

1）介质损耗因数是评定绝缘油电性能的一项重要指标。测定石油产品的介质损耗因数对判断电器绝缘特性的好坏有着重要的意义，特别是石油产品劣化或被污染对介质损耗因数影响更为明显，在新油中极性物质极少，介质损耗因数一般在 0.001~0.1 范围内。介质损

耗因数增大,会严重引起电器整体绝缘特性的恶化。介质损失会使绝缘内部产生热量,介质损失越大,则在绝缘内部产生的热量就越多,从而促使介质损失增加,如此继续下去,会在绝缘缺陷处形成击穿,影响设备安全运行。

2)测定运行中石油产品的介质损耗因数,可表明石油产品在运行中的老化程度。石油产品的介质损耗因数是随石油产品老化产物的增加而增大的,故将石油产品介质损耗因数作为运行监控指标之一。运行中石油产品介质损耗因数主要是反应油品中泄漏电流而引起的功率损失,介质损耗因数的大小对判定绝缘油的劣化与污染程度很敏感,特别是对极性物质,如防锈剂、清净剂等。

3)对于新油而言,介质损耗因数只能反映出石油产品中是否含有污染物质和极性物质,而不能确定存在于石油产品中极性杂质的类型,当石油产品氧化或过热而引起劣化或储运过程中引起其他杂质时,随着石油产品中极性杂质或充电的胶体物质含量增加,介质损耗因数也会随之增加。

8.1.2 介质损耗因数测定方法

测定绝缘油介质损耗因数,按 GB/T 5654—2007《液体绝缘材料 相对电容率、介质损耗因数和直流电阻率的测量》中的试验方法进行测定,该方法适用于测定绝缘油的介质损耗因数。

在测定时,当其温度达到所要求的试验温度的 ±1℃ 时,应在 10min 内测量损耗因数。将两次有效测量值的平均值,作为介质损耗因数的报告值。

8.1.3 影响测定的主要因素

1. 水分和湿度

油品中的水分是影响介质损耗的主要因素。即使是没有氧化的新油,只要其中有微量的水分就可使其介质损耗因数增大。这是因为水分的极性较强,受电场作用很容易极化而增大石油产品的电导电流,促使石油产品介质损耗因数明显增大。介质损耗因数与测量时的湿度也有关,通常湿度增加,石油产品中溶解的水增加而增大介质损耗因数。因此应在规定的湿度下进行测定。

2. 温度

石油产品的极性很弱,其介质损耗主要是电导损耗,当温度升高时,其电导电流增大,因此其介质损耗因数也随之增大。换言之,在较高温度下测定介质损耗因数比在较低温度时测定更为灵敏。为此,介质损耗因数的测量应在规定的温度下进行,通常,测试温度应控制在 90℃。

3. 试验电压

石油产品的介质损耗在很大程度上与电压有关。一般在电压较低的情况下进行介质损耗因数测量时,电压对介质损耗因数没有明显的影响。当试验电压增加时,因介质在高电压作用下产生偶极转移而引起了电能的损失,故介质损耗因数会明显增加。所以介质损耗因数随电压的升高而增加。因此应按规定的额定电压进行测定。

4. 试样处理

待测试样在测试前，还应摇匀、过滤，并防止有气泡生成，使注入油杯内的试样不存有气泡及其他杂质。

5. 环境的影响

应防止电磁场干扰和机械震动的影响，注意不要随意搬动仪器。

8.2　击穿电压的测定

8.2.1　击穿电压及其测定意义

1. 击穿电压的含义

当清洁、干燥的电器绝缘油处于电场内时，对其施加一个逐渐升高的外部电压，该石油产品中就会有电流通过，并伴随外部施加电压的提升而不断增大，使石油产品介质具有逐步递增的导电能力，在电压的负极端会发射电子，当这些电子拥有足够的能量时，可导致石油产品组成中的一些分子微量解离，解离程度随外部施加电压的升高而不断加强。当外部施加电压达到某一极限程度时，石油产品介质内瞬间会产生极大的传导电流，使电器绝缘油丧失绝缘能力而转变为导电体，并在极板间形成强烈的电弧，这种现象称为石油产品的"击穿"，试样击穿时外部施加的最高电压称为击穿电压；此时的电场强度，称为介电强度。

2. 击穿电压的原理

将绝缘油装入安有一对电极的油杯中，如果将施加于绝缘油的电压逐渐升高，则当电压达到一定数值时，石油产品的电阻突然下降几乎至零，即电流瞬间突增，并伴随有火花或电弧，此时通常称石油产品被"击穿"，石油产品被击穿的临界电压称为击穿电压。此时的电场强度称为石油产品的绝缘强度。这表明绝缘油抵抗电场的能力。均匀电场中介电强度与击穿电压的关系如下

$$E = \frac{U_b}{d} \tag{8-5}$$

式中　E——绝缘油的介电强度（kV/cm）；

　　　U_b——绝缘油的击电压穿（kV）；

　　　d——平板电极间的距离（cm）。

当平板电极间的距离一定时，电器绝缘油的击穿电压越大，其介电强度越高。虽然两者的物理意义不同，但都可以相对表示绝缘油的绝缘性能。

若绝缘油中有少量水或固体悬浮物等杂质存在，其击穿电压将会降低，这是由于水和固体的导电性一般均比石油产品要大的缘故。

3. 测定击穿电压的意义

击穿电压是评定电器用油电性能的重要质量指标，该测定项目可用于检验石油产品被水分或其他悬浮物质污染的程度，以决定电器用油在使用前是否需要进行干燥和过滤处理，以保证其绝缘性能，使电器设备能安全运行。石油产品的击穿电压、介电强度越高，其电绝缘

性能越好。

工业脱水装置可使绝缘油的含水量降到 10mg/kg 以下，而在石油产品的使用过程中，由于设备密闭性等原因，石油产品中芳香烃和某些极性分子可能吸收、溶解空气或外界中的水分，有时甚至使石油产品中水的质量分数高达 0.1%。一般而言，石油产品中所含水分及其他杂质越高，其击穿电压越低。通常，成品新绝缘油的击穿电压要求不小于 30~50kV；经过处理后，注入设备前绝缘油的击穿电压可达 50kV 以上。

8.2.2 击穿电压测定方法

测定电器绝缘油击穿电压（或介电强度），按 GB/T 507—2002《绝缘油 击穿电压测定法》中的试验方法进行，该标准等效采用 IEC 156：1995，主要适用于测定 40℃时运动黏度不大于 350mm^2/s 的绝缘油，包括未使用过的绝缘油的交接试验和设备监测及保养时对样品状况的评定。

在测定时，向置于规定设备中的被测试样上施加按一定速率连续升压的交变电场，直至试样被击穿，计算 6 次测定结果的平均值，并将其作为击穿电压的报告值。

8.2.3 影响测定的主要因素

1. 水分及其他杂质

水分是影响击穿电压最灵敏的杂质，因为水是一种极性分子，在电场力的作用下，很容易被拉长，并沿电场方向排列，可形成导电的"小桥"，使击穿电压剧降。当绝缘油含水的质量分数超过 0.06%时，其击穿电压基本稳定，这是因为石油产品对水的溶解量有一定的限度，过多的水分将沉于容器的底部而离开高压电场区，所以对击穿电压影响不大。击穿电压的大小不仅取决于含水量，还取决于水在石油产品中所处的状态，通常乳化水对击穿电压影响最大，溶解水次之。若绝缘油中含有灰尘和其他杂质，由于杂质能够吸收潮湿空气中的水分，击穿电压也将会降低。

2. 气泡

石油产品中含有微量的气泡，也会使击穿电压明显下降。气泡在较低电压下可游离，并在电场力作用下，在电极间形成导电的"小桥"，使石油产品被击穿，降低了石油产品的击穿电压。

3. 温度

石油产品的击穿电压与温度的关系较为复杂，根据石油产品中杂质和水分的有无而不同。对于不含杂质和水分的石油产品，一般温度下对击穿电压的影响不大，但当温度升高到一定程度时，石油产品分子本身因裂解而发生电离，且随着温度的升高，黏度减小，电子和离子由于阻力变小，运动速度加快，从而导致石油产品的击穿电压下降。

对于含有杂质和水分的石油产品，在同一温度下，相较第一种情况，击穿电压要低。在 0~60℃范围内，石油产品的击穿电压往往随温度的升高而明显增加，其原因是石油产品中悬浮状态的水分随着温度的升高转变为溶解状态的缘故。但当温度更高时，石油产品中所含水分汽化增多，在油品中容易形成导电的"小桥"，使击穿电压下降。当温度低于 0℃时，击穿电压随温度的下降而提高，这是因为石油产品中悬浮水将形成冰的结晶，黏度增大，不易形成"小桥"，故击穿电压反而升高。

4. 电极形状和电极间的距离

测定石油产品击穿电压用的电极是一对平板电极，必须使电极的边缘呈圆形，因为尖锐的边缘会引起尖端放电效应，将不规范的电极置入石油产品中进行试验，容易使试样炭化而导致击穿，影响测定结果。

电极距离过小容易导致石油产品被击穿，使测定结果偏小；反之，则测定结果偏大。

第 9 章
石油产品中杂质的测定

石油产品中的杂质主要指的是石油产品中的水分、灰分及机械杂质等。杂质含量的多少对石油产品的实用性能具有很大的影响，是评定石油产品质量的重要指标。根据油品的用途不同，石油产品中各种杂质含量的指标也有差异；根据石油产品中杂质含量的多少，测定方法也不相同。本章就油品中的水分、灰分及机械杂质的测定原理及方法进行了讨论。

9.1 水分

9.1.1 石油产品水分及其测定意义

1. 石油产品中水分的来源

（1）在储运及使用中混入的水分　石油产品在贮存、运输、加注和使用过程中由于各种原因混入的水分。如贮油容器不干燥残留有水分或密封不严，加注过程中雨雪冰霜落入，以及水蒸气凝结等都会导致石油产品中水分的存在。

（2）溶解空气中的水分　由于石油产品尤其是轻质燃料油具有一定程度的溶水性。随着温度的升高、空气中湿度的增大和芳香烃含量的增加，石油产品的溶水性逐渐增大。

2. 水在石油产品中的存在形式

（1）悬浮水　水以细小液滴状悬浮于石油产品中，构成浑浊的乳化液或乳胶体。此现象多发生于黏度较大的重质油中，其保护膜可由环烷酸、胶状物质、黏土等形成。在此情况下，水很难沉淀分离，必须采用特殊脱水法。例如，含水润滑油常采用空气流搅拌热油或用真空干燥法脱水。

（2）溶解水　水以分子状态均匀分散在烃类分子中，这种状态的水称溶解水。水在石油产品中的溶解量取决于石油产品的化学组成和温度。一般烷烃、环烷烃及烯烃溶解水的能力较弱，芳香烃溶解水的能力相对较强。温度越高，水在石油产品中的溶解量越多。

（3）游离水　析出的微小水粒聚集成较大水滴从石油产品中沉降下来，呈油水分离状态存在。通常石油产品分析中所说的无水，指没有游离水和悬浮水，溶解水是很难去除的。

3. 石油产品中水含量超标的危害

（1）降低润滑油品质和性能　润滑油主要由基础油和各种添加剂组成。水分会促进基础油氧化变质产生乳化；添加剂一般为有机化合物如分散剂、抗磨剂、抗氧化剂等表面活性剂，水的参与使其容易形成胶束状态而失效。而基础油和添加剂的变质会降低油膜的厚度和刚度，进而降低油膜的抗压、磨能力。水分在高温高压的作用下，容易形成气泡并破裂造成部件气蚀磨损；润滑油中水分与空气和钢铁零部件容易发生电化学腐蚀反应；添加剂中的某些元素与石油产品中的水结合，会产生酸蚀使部件生成锈斑。

（2）降低油品的介电性能　电器用油中含有微量水分对绝缘介质的电气性能和理化性能都有极大危害。首先水分可导致石油产品击穿电压下降，试验表明：干燥、纯净的新绝缘油，其击穿电压都在 40~50kV 以上。若石油产品中含有微量的水分（特别是悬浮水），击穿电压会急剧下降；水分含量增大到一定值后，其击穿电压基本稳定，不再显著下降。产生的皂化物会恶化变压器油的介质损耗因数，增加石油产品的吸潮性。电气用油含水超标严重时会引起短路，乃至烧毁设备。

（3）破坏石油产品的低温流动性能　航空燃料中若含有水分，会使其冰点升高，引起过滤器或输油管堵塞，甚至中断供油，酿成事故。车用汽油、车用柴油中若含有水分，冬季易结冰，堵塞燃料油系统。

（4）降低石油产品的抗氧化性能。石油产品含水会溶解新加入的抗氧化剂，从而加速石油产品的生胶过程。

（5）降低石油产品的溶解能力和使用效率　溶剂油中若含水，会降低石油产品的溶解能力和使用效率。

4. 测定石油产品水分的意义

水含量是评价石油产品质量的重要指标之一。测定石油产品水分具有如下意义：

（1）计量容器内石油产品的数量　由容器内石油产品的总量减去含水量，可计算出容器内石油产品的实际数量。

（2）为设计脱水工艺提供依据　根据石油产品的水分含量，确定脱水方法。

（3）评定石油产品质量　水分是各种石油产品标准中必不可少的规格之一，也是石油产品生产进出装置物料的主要控制指标。除为了节能和保护环境需要经过特殊处理的加水燃料外，在石油产品中一般是不允许有水分存在的。

9.1.2　水分测定方法

通常，测定水分的方法按其含量不同分为常量法和微量法两种。以下为几种常用的水分测定方法。

1. 蒸馏法

蒸馏法按 GB/T 260—2016《石油产品水含量的测定 蒸馏法》中的方法进行。该方法适用于石油产品、焦油及其衍生产品，水含量（质量分数）的测定范围不大于 25%。若试样中存在挥发性水溶性物质，将被作为水测出。

（1）蒸馏法的测定原理　被测试样和与水不相溶的溶剂共同加热回流，溶剂可将试样中的水携带出来。不断冷凝下来的溶剂和水在接收器中分离开，水沉积在带刻度的接收器中，溶剂流回蒸馏器中。

（2）试验仪器　仪器包括玻璃蒸馏瓶、带刻度的玻璃接收器、回流冷凝器和加热器。

蒸馏瓶、接收器和冷凝器之间最好采用磨口密封连接，另需天平和量筒。蒸馏法试验仪器的组装如图9-1所示。GB/T 260—2016《石油产品水含量的测定 蒸馏法》中4.2~4.7部分对仪器规格作了详细要求。

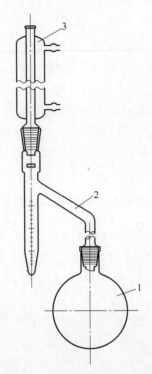

图9-1 蒸馏法试验仪器的组装
1—冷凝管 2—接收器 3—圆底烧瓶

（3）试验溶剂 根据试样的不同使用不同的抽提溶剂。溶剂使用前应脱水和过滤。常用的溶剂有芳烃溶剂、石油馏分溶剂和石蜡基溶剂。每次更换新的溶剂需要按标准中8.6~8.9的步骤测定溶剂中水含量为"无"。

1）芳烃溶剂。下面所列的芳烃溶剂可以使用：①工业级以上的二甲苯（混合二甲苯）；②体积分数为20%的工业级甲苯和体积分数为80%的工业级二甲苯（混合二甲苯）的混合溶液；③石油馏分按照GB/T 6536—2010进行测试，其在125℃的馏出量不超过体积分数的5%，且在160℃的馏出量不少于体积分数的20%，且在20℃时的密度不低于852kg/m³。

2）石油馏分溶剂。石油馏分溶剂按照GB/T 6536—2010进行测试，其体积分数5%的馏出温度在90~100℃，且体积分数90%的馏出温度在210℃以下。（可选用符合GB/T 15894—2008中90~120℃的石油醚与符合GB 1922—2006中1号或2号溶剂油，按适当比例调配成符合上述要求的石油馏分溶剂。）

3）石蜡基溶剂。下面所列的不含水的石蜡基溶剂可以使用：①石油醚（轻质石油烃），其沸点范围为100~120℃；②2,2,4-三甲基戊烷（异辛烷），纯度95%（质量分数）以上。

被测试样与其相匹配的抽提溶剂见表9-1。

表 9-1　被测试样与其相匹配的抽提溶剂

抽提溶剂的种类	被测试样
芳烃溶剂	焦油、焦油制品
石油馏分溶剂	燃料油、润滑油、石油磺酸盐、乳化石油产品
石蜡基溶剂	润滑脂

（4）试验方法　从管线、罐或其他系统中获得代表性的试验试样，按要求放入试验容器中并混匀。根据试验类型，取适量的试样，准确至±1%，按要求①②转入蒸馏瓶中。①对流动的液体试样，用量筒量取适量的试样，用溶剂分次冲洗量筒，将试样全部转移到蒸馏器中。②对于固体或黏稠的样品，将试样直接称入蒸馏瓶中，加入100mL所选用的溶剂。对于水含量低的样品，需要增加称样量，溶剂需要量也大于100mL。如果所测试样产品指标为"痕迹"时，使用10mL精密锥形接收器，如图9-2所示。试样量为100g或100mL，加入溶剂量为100mL。采用磁力搅拌或者加入助沸材料以减轻暴沸。

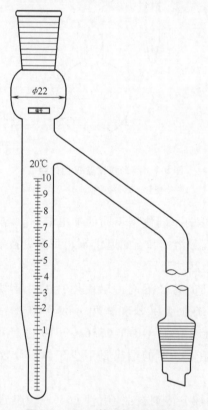

图 9-2　10mL 精密锥形接收器

安装好仪器，加热蒸馏瓶，调整试样沸腾速度，使冷凝液中的馏出速度为2~9滴/s，继续蒸馏至装置中不再有水（接收器内除外），接收器内的水体积在5min内保持不变。如果冷凝管上有水环，应小心提高蒸馏速度，或将冷凝水的循环关掉几分钟。待接收器冷却至室温后，用玻璃棒或合适的工具将冷凝管和接收器壁粘附的水分拨至水层中。读出水的体积，精确至刻度值。

（5）计算　试样的量取方式，按式（9-1）、式（9-2）或式（9-3）计算水在试样中的体积分数 φ（%）或质量分数 w（%）。

$$\varphi = \frac{V_1}{V_0} \times 100\% \tag{9-1}$$

$$\varphi = \frac{V_1}{m/\rho} \times 100\% \tag{9-2}$$

$$\varphi = \frac{V_1 \rho_{水}}{m} \times 100\% \tag{9-3}$$

式中　V_0——试样的体积（mL）；

$\quad\quad V_1$——测定试样时接收器中的水分体积（mL）；

$\quad\quad m$——试样的质量（g）；

$\quad\quad \rho$——试样 20℃ 的密度（g/cm^3）；

$\quad\quad \rho_{水}$——水的密度（g/cm^3），取值为 1.00g/cm^3。

2. 卡尔费休库仑滴定法

按 GB/T 11133—2015《石油产品、润滑油和添加剂中水含量的测定 卡尔费休库仑滴定法》中的方法进行。使用自动滴定仪直接测定石油产品和烃类化合物中水含量，直接测定法测定水含量的范围为 10~25000mg/kg。

（1）卡尔费休库仑法的测定原理　碘被二氧化硫还原时，需要一定量的水。反应如下

$$SO_2 + H_2O + I_2 \rightleftharpoons 2HI + SO_3 \tag{9-4}$$

式（9-4）为可逆反应，为使其向正反应方向进行完全，卡氏液中加入无水吡啶，可使反应产物 HI 与 SO_3 被定量吸收，形成氢碘酸吡啶和硫酸酐吡啶，反应过程如下

$$SO_2 + I_2 + H_2O + 3\,\text{吡啶} \longrightarrow 2\,\text{氢碘酸吡啶} + \text{硫酸酐吡啶} \tag{9-5}$$

硫酸酐吡啶不稳定，可与水发生副反应，因此加入无水甲醇，以形成稳定的甲基硫酸氢吡啶，反应如下：

$$SO_2 + I_2 + H_2O + 3\,\text{吡啶} + CH_3OH \longrightarrow 2\,\text{氢碘酸吡啶} + \text{甲基硫酸氢吡啶}(H-SO_4CH_3) \tag{9-6}$$

从上述过程可看出，卡尔费休试剂（也称卡氏试剂）是 I_2、SO_2、C_5H_5N 及 CH_3OH 的混合溶液。

卡尔费休试剂原液的配制：在清洁、干燥的具有磨口塞的 1000mL 三角烧瓶中，加入 85g±1g 碘，用 270mL±2mL 吡啶溶解，再加入 670mL±2mL 无水甲醇，在低于 4℃ 的冷浴中冷却混合物，然后通过导管向冷却在冷浴中的混合物中通入经硫酸干燥的二氧化硫气体，直到混合物体积增加 50mL±1mL 为止，将此混合物摇匀并妥善放置 12h（使用前需进行标定）。

（2）终点判断　现常用的终点判断方法有永停点法和库仑法。永停点滴定装置如图 9-3

所示。

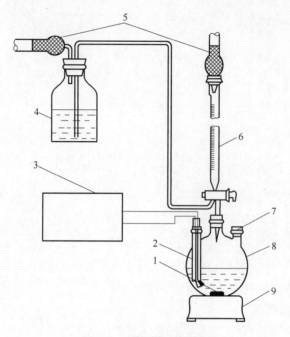

图 9-3　永停点滴定装置

1—搅拌子　2—指示电极　3—终点显示器　4—储液瓶

5—干燥管　6—滴定管　7—进样口

8—滴定瓶　9—搅拌器

在测定时，滴定瓶内装入溶剂（体积比为 1∶3 的甲醇氯仿混合液）和待测试样，插入两根铂丝作为指示电极，外加一个低电动势（10～15mV）。当试样所含的水分与滴加的卡氏试剂作用时（终点以前），指示电极间无电流通过，微安表仍指示在零位上。若滴定到达终点后，继续滴加费林试剂，碘过量，则指示电极间发生了电极反应：

$$I_2 \rightarrow 2I^- - 2e$$

两极间有电流通过，微安表指针偏转。根据费林试剂的滴定度和滴定时消耗卡氏试剂的体积，可计算试样中水的质量分数。

$$X = \frac{V_1 T}{m_1} \times 10^3$$

$$T = \frac{m_0}{V_0}$$

式中　X——试样含水量（mg/kg）；

　　　V_1——滴定试样所消耗的卡氏试剂体积（mL）；

　　　T——卡氏试剂滴定度（mg/mL）；

　　　m_1——试样质量（g）；

　　　m_0——加入纯水质量（mg）；

V_0——滴定水所消耗的卡氏试剂体积（mL）。

3. 库仑法

测定水分用的库仑滴定池的结构与图 9-3 相同，其中指示电极对为铂片，电解电极由铂丝构成。本方法是以三氯甲烷、甲醇和卡氏试剂为电解液，用 2～5mL 试样可定量地检出 3mg/kg 的水。

库仑法测定微量水的原理是基于在含恒定碘的电解液中通过电解过程，使溶液中的碘离子在阳极氧化为碘。

$$阳极 \quad 2I^- - 2e \rightarrow 2I_2$$

生成的碘与试样中的水反应，同式（9-5）。

生成的硫酸吡啶又进一步和甲醇反应，同式（9-6）。

反应终点通过一对铂电极来指示，当电解液中的碘浓度恢复到原定浓度时，电解会自行停止。根据法拉第电解定律即可求出试样中相应的含水量。

$$X = \frac{\frac{18}{2}q \times 10^3}{965000V\rho}$$

$$即 \quad X = \frac{1000q}{10722V\rho} \tag{9-7}$$

式中　X——试样含水量（mg/kg）；

　　　q——试样消耗电量（mC）；

　　　V——试样的体积（mL）；

　　　ρ——取样时试样的密度（g/mL）。

库仑法是通过电解自动产生的滴定剂来进行滴定的，测定的是电量，省去了试剂的标定操作，因而比永停点滴定法更为快速、准确。

本方法不适用于含醛、酮试样中含水量的测定。试样中含有硫醇、硫化氢时也会造成一定干扰，但可用适当方法测出硫化氢及硫醇的含量并按式（9-8）计算含水量。

$$X = \frac{1000q}{10722V\rho} - \frac{9S}{6} - \frac{9R}{32} \tag{9-8}$$

式中　S——试样中以硫表示的硫醇含量（mg/kg）；

　　　R——试样中以硫表示的硫化氢含量（mg/kg）。

其他符号意义同式（9-7）。

4. 润滑脂水分测定

按 GB/T 512—1965《润滑脂水分测定法》中的方法进行。该方法与 GB/T 260—2016《石油产品水含量的测定 蒸馏法》使用的仪器相同，测定方法也基本相同，只是在量取试样上有所不同，当润滑脂测定水分时，称取 20～25g 试样，加 150mL 溶剂，而当石油产品测定水分时，称取 100g 试油，加 100mL 溶剂。

9.1.3　影响测定的主要因素

1) 所用溶剂必须严格脱水，以免因溶剂带水而影响测定结果的准确性。所用仪器必须清洁干燥（需在 105~110℃ 的温度下干燥）。

2）在测定时，蒸馏瓶中应加入沸石或素瓷片，以形成沸腾中心，使稀释剂能更好地将水分携带出来。同时在冷凝管的上端要用干净棉花塞住，防止空气中的水分被冷凝，使测定结果偏高。

3）应严格控制蒸馏速度，使从冷凝管的斜口每秒钟滴下 2~4 滴蒸馏液。回流时间不应超过 1h，如果过慢不仅会使测定时间延长，还会因溶剂汽化量少，从而降低对石油产品中水分汽化的携带能力，使测定结果降低；如果过快则易引起暴沸，将试样油、溶剂油和水一同带出，影响水与稀释剂在接收器中的分层。

4）当试样水分超过 10%（质量分数）时，可酌情减少试样的称出量，要求蒸出的水分不超过 10mL 但试样称出量也不能过少，否则会降低试样的代表性，影响测定结果的准确性。

9.2 灰分

9.2.1 石油产品灰分及其测定意义

1. 石油产品中灰分的来源

（1）灰分　灰分指的是在规定条件下，石油产品被炭化后的残留物经煅烧所得的无机物。即石油产品在规定条件下灼烧后所剩的不燃物质，用质量分数表示。

（2）灰分的来源　灰分的组成和含量随原油的种类、性质和加工方法不同而异。原油的灰分主要是由于少量的无机盐和金属的有机化合物（环烷酸的钙盐、镁盐、钠盐）及一些混入的杂质所造成的。重油中金属氧化物的含量占灰分总量的 20%~30%（质量分数）。灰分组成中除上述环烷酸盐外，还有 S、Si、Fe、Pb、Mn、K、V 等元素的化合物。通常，石油产品的灰分含量很小，约为万分之几或十万分之几。

石油产品中可形成灰分的物质不能被蒸馏出来，大部分会留在残油中。胶质及酸性组分含量高的石油产品含灰分较多。灰分大的石油产品在使用中会加剧机件的磨损、腐蚀和结垢积炭，因而灰分是石油产品严格控制的质量指标之一。按现行试验方法测得的灰分结果，有可能包括机械杂质在内。在润滑油中加入某些高灰分添加剂后，石油产品的灰分含量也会增大。

一般煤和页岩干馏焦油制得的石油产品的灰分较大，而天然原油制品的灰分较小，合成制得的石油产品灰分最小。

灰分组成对燃料、燃气轮机等十分重要。灰分的来源主要可归纳为如下几个方面。

1）利用蒸馏方法不能除去的可溶性矿物盐；含水原油中所溶解的无机盐，蒸馏后，仍以结晶状或油包水的乳化状存在于石油产品中。

2）在石油馏分精炼过程中，特别是酸碱洗涤时，腐蚀设备生成的金属氧化物，或白土精制时未滤净的白土等。

3）商品润滑油内加入的添加剂（如防锈剂、缓蚀剂等），有的添加剂灰分高达 20%

（质量分数）以上。

4）石油产品生产、贮存、运输和使用过程中产生的灰分等。

（3）灰分的组成　灰分的组成主要为下列元素的化合物，即 S、Si、Ca、Mg、Fe、Na、Al、Mn 等，有些原油还发现有 V、P、Cu、Ni 等元素。

石油产品灰分的颜色由组成灰分的化合物所决定，通常为白色、淡黄色或赤红色。

2. 测定灰分的意义

（1）灰分可作为石油产品洗涤与精制是否正常的指标　在酸碱精制中如果脱渣不完全，则残余的盐类和皂类物质会使灰分增大。润滑油精制过程中带入的白土也会使灰分增大。

（2）评定重质燃料油使用性能的重要指标　重质燃料油含灰分太大，会沉积在管壁、蒸气过热器、节油器和空气预热器上，不仅降低传热器效率，还会引起这些设备提前损坏。

（3）评定柴油使用性能的重要指标　由于石油产品中的灰分是不能燃烧的矿物质，呈粒状，非常坚硬，柴油中的灰分能在摩擦过程中起磨料的作用，并具有侵蚀金属的作用，是造成气缸壁与活塞环磨损的重要原因之一。

（4）评定润滑油使用性能的重要指标　润滑油中的灰分，在一定程度上，可评定润滑油在发动机零件上形成积炭的情况并了解添加剂的含量。灰分少的润滑油产生的积炭是松软的，易从零件上脱落；灰分多的润滑油，其积炭的紧密程度较大，较坚硬，也会使机件磨损增大。但是这种结论只对不含添加剂的润滑油才是可靠的。若润滑油灰分是由于某些抗氧、抗腐、清净分散等添加剂所造成的，则难以从灰分的多少来判断其形成积炭的情况。我国部分石油产品灰分的质量指标见表 9-2。

表 9-2　我国部分石油产品灰分的质量指标

石油产品名称	灰分（质量分数，%）不大于
车用柴油 GB 19147—2016	0.01
航空喷气机润滑油 GB 439—1990	0.005

9.2.2　灰分测定方法

1. 石油产品灰分测定法

（1）测定原理　现通用的 GB/T 508—1985《石油产品灰分测定》中的方法广泛用于测定燃料油和润滑油的灰分。其基本原理是将试样油加热燃烧，最后强热灼烧，使其中的金属盐类分解或氧化为金属氧化物（灰渣），然后冷却并称量，以质量分数表示。

该法使用干无灰滤纸作为引火芯来燃烧试样，并将固体残渣燃烧至恒重，以测定石油产品的灰分。

（2）测定方法　在已恒重的坩埚中称 25g 试样，称准至 0.0002g，将一张定量滤纸卷成圆锥体形的引火芯放入坩埚内，引火芯须将大部分试样盖住，以免在试样燃烧时固体微粒随气流被带走，引火芯浸透试样后点火燃烧，烧至获得干性炭化残渣为止，然后将坩埚移入高温炉中在 775℃±25℃ 的温度下灼烧 1.5~2h，直至残渣完全成为灰烬。若残渣难烧成灰时，则向冷却的坩埚中滴几滴硝酸铵溶液，蒸发并继续煅烧至质量恒定。试样的灰分（用质量

分数表示）按式（9-9）计算

$$w = \frac{m_2 - m_1}{m} \times 100\%$$ (9-9)

式中　w——试样的灰分（%）；

　　　m_2——试样和滤纸灰分的质量（g）；

　　　m_1——滤纸灰分的质量（g）；

　　　m——试样的质量（g）。

2. 添加剂和含添加剂润滑油硫酸盐灰分测定法

（1）测定原理　按 GB/T 2433—2001《添加剂和含添加剂润滑油硫酸盐灰分测定法》中的方法进行，该方法参照 ISO 3987：1994 标准方法，其测定原理是将试样用无灰滤纸点燃并燃烧直到仅剩下灰分和微量碳。冷却后，残渣用浓硫酸处理，并在 775℃±25℃ 加热至碳完全氧化。灰分冷却后，再用稀硫酸处理，并在 775℃±25℃ 加热至恒重，试验结果以质量分数表示。

该方法适用于测定添加剂和含添加剂润滑油硫酸盐的灰分。测定含硫酸盐灰分的下限量为 0.005%（质量分数），不适用于硫酸盐灰分小于 0.02%（质量分数）的含有无灰添加剂的润滑油及含有铅的、使用过的发动机油。

（2）测定方法　按预计生成的硫酸盐灰分计算应称取试样质量。

$$m = \frac{10}{w}$$ (9-10)

式中　m——应称取的试样质量（g）；

　　　w——预计生成的硫酸盐灰分（%）。

若预计生成的硫酸盐灰分大于 2%（质量分数）时，在坩埚内需用约 10 倍质量的低灰分矿物油稀释称量的试样。但取样数量不能超过 80g，并使其混合均匀。若测得的硫酸盐灰分质量分数与预计的质量分数相差两倍以上，应重新称取适量的试样进行分析。

将试样称入已恒重的坩埚内，用一张定量滤纸叠两折，卷成圆锥体，用剪刀把距尖端 5～10mm 的顶端部分剪去并放入坩埚内，把卷成圆锥体的滤纸（引火芯）立放入坩埚内，并将大部分试样表面盖住。引火芯浸透试样后，在规定的条件下，点火燃烧并加热至不再冒烟，将盛有残渣的坩埚冷却至室温，滴加浓硫酸使残渣完全浸湿，并在电炉上加热直至不再冒烟为止。然后将坩埚移入 775℃±25℃ 高温炉中，加热到碳氧化完全或近乎完全为止。取出坩埚冷却至室温，加 3 滴蒸馏水及 10 滴稀硫酸（1∶1）浸湿残渣，加热蒸发至不冒烟，再将坩埚移入 775℃±25℃ 高温炉中重复进行煅烧、冷却及称量至恒重。用同样的方法做空白试验。

试样的硫酸盐灰分按式（9-11）计算。

$$w = \frac{m_2 - m_1}{m} \times 100\%$$ (9-11)

式中　w——试样中的硫酸盐灰分（%）；

　　　m_2——硫酸盐灰分的质量（g）；

m_1——空白试验测得的硫酸盐灰分的质量（g）；

m——试样的质量（g）。

3. 润滑脂灰分测定法

按 SH/T 0327—1992《润滑脂灰分测定法》中的方法进行。该方法与 GB/T 508—1985 方法相类似。但 SH/T 0327—1992 方法中取样只有 2~5g，灼烧空坩埚温度为 800℃±20℃，而灼烧炭化残渣坩埚的温度为 600℃±20℃。试验步骤、计算方法均与 GB/T 508—1985 方法相同。

9.2.3　影响测定的主要因素

1）含有添加剂的石油产品在分析前应将样品充分摇匀。对黏稠或含蜡的试样需预先加热至 50~60℃，再行摇匀，以防由于某些添加剂的油溶及稳定性较差而影响结果的准确性。

2）坩埚放入高温炉之前应细致观察挥发成分是否全部挥发完毕（无烟），不能认为熄火就可以放入高温炉中，否则在坩埚放入炉内时未挥发干净的物质会急剧燃烧，从而将坩埚中灰分带出。

3）用燃烧法测含有添加剂的石油产品，必须严格掌握其燃烧速度，维持火焰高度至 10cm 左右，以免火焰高旺而将某些金属盐类的灰分微粒携带出去。

4）从高温炉内取出的坩埚，在外面放置时应注意防止空气的流动及风吹，若放入干燥器最好是真空干燥器，平衡气压时启开旋塞应轻开，以免使外部空气急骤进入而冲飞坩埚内的灰分。

5）滤纸的折法和摆放问题，要求能紧贴坩埚内壁，使石油产品全部浸湿滤纸，以便能在滤纸燃烧时起到一个灯芯作用，以免石油产品尚未烧完滤纸早已烧光。

6）煅烧时必须燃烧完全，否则会使测定结果偏高。若有残渣难烧成灰时，滴入几滴硝酸铵溶液，可起助燃作用。因为硝酸铵加热分解可逸出氧气，促进难燃物质的氧化，分解反应式如下

$$NH_4NO_3 \rightarrow N_2O\uparrow + 2H_2O\uparrow$$

$$N_2O \rightarrow N_2\uparrow + \frac{1}{2}O_2\uparrow$$

同时，产生的气体能使残渣疏松，从而更易于燃烧。

7）煅烧及恒重的操作应严格遵守规程中的有关规定。

9.3　机械杂质

9.3.1　石油产品机械杂质及其测定意义

1. 机械杂质的来源

石油产品中的机械杂质是指存在于石油产品中所有不溶于特定溶剂的沉淀状物质或悬浮

状物质。润滑脂中的机械杂质也可以用显微镜观察，通过颗粒直径的大小和数量的多少来表示。

石油产品中的机械杂质多数是由外界混入的，这些杂质主要有砂子、尘土、纤维、铁锈、铁屑等。例如，用白土精制的石油产品，大部分的机械杂质是白土的微粒，用其他方法精制的石油产品中可能含有矿物盐及金属微粒等机械杂质；石油产品在加工、贮存、运输及加注过程中，容器及管线生成的铁锈；石油产品在加工、贮存、运输及加注过程中，由于罐、桶清洗不净或容器不严从外界混入尘土等。此外，燃料油中的不饱和烃和少量的硫、氮、氧化合物，在长期贮存中因氧化而形成部分不溶的黏稠物及重油中的碳青质等也被当作机械杂质；当润滑油中含有添加剂时，可发现 0.025%（质量分数）以下的机械杂质，但不一定是外来杂质，而是添加剂组成中的物质。

2. 石油产品中机械杂质的危害

（1）燃料类油品含机械杂质的危害　燃料类石油产品含有机械杂质会降低装置的效率，使零件磨损，甚至使装置无法正常运行。例如，如果汽油中混有机械杂质，就会堵塞过滤器，减少供油量，甚至中断供油。在柴油机的供油系统中，喷油泵的柱塞和柱塞套的间隙只有 0.0015~0.0025mm，喷油器的喷针和喷阀座的配合精度也很高，如果柴油中存在机械杂质，除了会引起油路堵塞外，还可能加剧喷油泵和喷油器精密零件的磨损，使柴油的雾化质量降低，从而减少供油量，同时，机械杂质还可能造成喷油泵柱塞和喷油器的喷针卡死，使出油阀门关闭不严和堵死喷孔。喷气燃料中如果存在机械杂质，杂质进入发动机的工作喷嘴，不仅会堵塞油路，还会降低喷油量，使发动机涡轮叶片根部产生裂纹，甚至折断叶片，因为当某一喷嘴堵塞后，该喷嘴后面响应的燃气压力会大大下降，涡轮在这种压力极不均匀的燃气流中工作，叶片受到的动荷应力比正常情况下要大两倍。

（2）润滑油中含机械杂质的危害　润滑油中的机械杂质会增加机械的摩擦和磨损，还容易堵塞滤清器的油路，造成供油不正常，因此一般要求润滑油不含机械杂质。至于不溶于溶剂的沥青质，对机械磨损的影响不大。此外，当润滑油中含有添加剂时，可发现 0.025%（质量分数）以下的机械杂质。这些杂质是添加剂中的物质，所以有的润滑油允许含微量的机械杂质，或允许在加入添加剂后含微量机械杂质。

使用中的润滑油除含有尘土、砂石等杂质外，还含有炭渣、金属屑等。这些杂质在润滑油中积聚的多少，随发动机的使用情况而不同，对机件的磨损程度也不同。因此机械杂质不能单独作为报废或换油的指标。

（3）润滑脂中含机械杂质的危害　润滑脂中的机械杂质同样能加剧机械的摩擦和磨损。而且，润滑脂中的机械杂质不能用沉降、过滤等方法除去，所以说润滑脂中含有机械杂质比润滑油中含有机械杂质的危害性更大。

（4）原油中含机械杂质的危害　原油中含有机械杂质会增加原油的运输费用，造成原油预处理困难，增加处理负荷，影响加工质量，造成生产管线结焦、结垢，堵塞管道和塔盘，降低生产能力。

另外，黏度小的轻质石油产品，杂质容易沉降分离，通常不含或只含很少量的机械杂质；而黏度大的重质石油产品，若含有杂质并且未经过滤的话，在测定残炭、灰分、黏度等项目时，结果会偏大。某些石油产品中的机械杂质规格标准见表9-3。

表 9-3 某些石油产品中的机械杂质规格标准

石油产品名称	杂质(质量分数,%)不大于
车用汽油 GB 17930—2016	无
煤油 GB 253—2008	无
2 号喷气燃料 GB 1788—1979	无
液压油 GB 11118.1—2011	0.05
《空气压缩机油》国家标准第 1 号修改单 GB/T 12691—2021/XG1—2023	0.01

3. 测定机械杂质的意义

石油产品中机械杂质的含量是石油产品重要的质量指标之一。通过测定其含量，可判断石油产品的合格性，防止石油产品在使用过程中对机械造成危害。

此外，通过对用过及使用中的润滑油沉淀物含量的测定［GB/T 6531—1986《原油和燃料油中沉淀物测定法（抽提法）》］，也可以了解润滑油中机械杂质的变化情况，对润滑油的使用有着重大的意义。润滑油在使用过程中，由于石油产品本身的老化、机械运动产生的铁屑及外界杂质的混入，都会使沉淀物增多，沉淀物增多会增大黏度、堵塞滤油器并加剧机械磨损，从而减少机械寿命。

9.3.2 机械杂质测定方法

目前，测定石油产品机械杂质的方法分为定性法和定量法。

1. 石油产品机械杂质定性试验法

对于航空汽油、喷气燃料和灯用煤油等轻质燃料中的机械杂质可采用目测定性法。在测定时，将试样摇匀，注入 100mL 玻璃量筒中，于室温下观察，应透明、无悬浮和沉降的机械杂质。用目测法如有争议时，按 GB/T 511—2010 方法进行定量测定。

2. 石油产品机械杂质定量测定法

（1）石油产品和添加剂机械杂质测定法（称量法） 当采用石油产品和添加剂机械杂质测定法测定时，应从混合好的石油产品中根据石油产品的不同性质，称取不同质量的试样。向盛有试样的烧杯中加入一定比例的温热溶剂。趁热将稀释后的试样用经恒重的滤纸过滤，并用热的溶剂将残留在烧杯中的残留物洗到滤纸上。在测定难于过滤的试样时，试样溶液在过滤和冲洗滤纸时，允许用减压、吸滤和保温漏斗，或使用红外线灯泡保温等措施。过滤结束后，再用热溶剂冲洗滤纸和滤器。直至滤出溶剂透明无色且滤纸上无油迹。冲洗完毕后将带有沉淀的滤纸放入已恒重的称量瓶中，放入 105～110℃ 恒温干燥箱中干燥不少于 1h，并在干燥器中冷却 30min 后称量，称准至 0.0002g。重复干燥及称量操作，直至两次连续称量之差不大于 0.0004g。试样中机械杂质的质量分数按式（9-12）计算。

$$w = \frac{m_2 - m_1}{m} \times 100\% \tag{9-12}$$

式中　　w——试样中机械杂质的质量分数（%）；

　　　　m_2——带有机械杂质的滤纸和称量瓶的质量（g）；

　　　　m_1——滤纸和称量瓶的质量（g）；

　　　　m——试样的质量（g）。

在测定添加剂或含添加剂润滑油的机械杂质时，若需要使用水冲洗残渣，须在带沉淀的滤纸用有机溶剂冲洗后，在空气中干燥，然后再用蒸馏水冲洗。

滤纸被各种溶剂冲洗以后，滤纸质量的增减情况不完全一样。用苯、蒸馏水冲洗后，滤纸的质量减小；用乙醇及汽油冲洗后，滤纸的质量增大，特别是乙醇对滤纸质量的增大影响更明显。所以采用滤纸并以乙醇乙醚混合液、乙醇苯混合液作为洗涤剂，而不继续以蒸馏水洗涤时，应先将滤纸折叠放在玻璃漏斗中，用 50mL 温热的上述溶剂洗涤，在使用滤纸时也可以进行溶剂的空白试验补正。

这种测定法存在以下几个缺点：试样中的固体悬浮粒子，吸附有一定数量的有机物，虽经溶剂反复冲洗，仍难以彻底冲洗干净；在测定重质、含胶状物较多的石油产品中的机械杂质时，不溶于溶剂的有机物也被当作机械杂质计算在内；所用的溶剂、过滤器孔眼的疏密厚薄和过滤速度的快慢对测定结果都有影响。

（2）润滑脂机械杂质测定法（酸分解法）　润滑脂机械杂质测定法（酸分解法）按 GB/T 513—1977 标准方法进行。该方法适用于测定润滑脂中不溶于盐酸、石油醚、溶剂汽油、苯、乙醇苯混合液及蒸馏水的机械杂质含量，也适用于测定特殊加入润滑脂中而不溶于上述试剂的填充物含量。其测定原理是称取一定量的试样，加入质量分数为 10% 盐酸、石油醚，加热回流使试样溶解，用已恒重的微孔玻璃坩埚过滤、烘干和恒重，其测定结果以质量分数表示。

在测定时，首先用刮刀把试样表面刮去，在不靠近器壁的地方选至少三处取出试样并调和均匀。用锥形瓶称取出试样 20~25g，称准至 0.0002g。加入质量分数为 10% 盐酸 50mL 及石油醚 50mL，装上回流冷凝管，加热回流至试样全部溶解为止。将溶解物经微孔玻璃坩埚过滤，用乙醇苯混合液洗涤，再经乙醇及热蒸馏水洗涤沉淀物至中性。将带沉淀的微孔玻璃坩埚在 105~110℃ 恒温干燥箱中干燥至质量恒定。

试样中机械杂质的质量分数 w 按式（9-13）计算

$$w = \frac{m_2 - m_1}{m} \times 100\% \tag{9-13}$$

式中　　m_2——装有沉淀物的微孔玻璃坩埚的质量（g）；

　　　　m_1——无沉淀物的微孔玻璃坩埚的质量（g）；

　　　　m——试样的质量（g）。

当用古氏坩埚测定机械杂质含量时，应进行空白实验补正。

9.3.3　测定中所用溶剂的作用

测定石油产品机械杂质所用的溶剂主要是用以溶解油类等有机成分，以便通过滤器使油类和机械杂质分离。

1）汽油能溶解煤油、柴油、润滑油、石蜡等石油产品和中性胶质，但不能溶解沥青质、沥青质酸及酸酐，也不溶于水。因此测定精制过的且含胶状物质较少的石油产品且烃基润滑脂中的机械杂质时，可以用汽油作为溶剂。

2）苯不但能溶解汽油、煤油、润滑油、石蜡等石油产品和中性胶质，也能溶解沥青质、沥青质酸及含硫、硅、磷的物质（主要是添加剂），但不能溶解炭青质，石油产品中的碳青质会混在机械杂质里。故测定深色未精制的石油产品、酸碱性的润滑油、含添加剂的润滑油或添加剂中的机械杂质时，可用苯作为溶剂。

3）乙醇能溶于水并可与水以任何比例相混合，也可溶解沥青质酸及酸酐，乙醚可溶于乙醇且容易挥发。测定时遇到试样含水多难过滤时，加入乙醇乙醚混合液，可以加快过滤速度。测定添加剂和含添加剂润滑油中的机械杂质时，也可以用乙醇乙醚混合液冲洗残渣。

4）质量分数为10%盐酸溶液与润滑脂中的皂类（高级脂肪酸盐）作用，可使脂肪酸游离出来。这种高级脂肪酸可溶于石油醚，使皂类变成滤液而除去，以达到与机械杂质分离的目的，其反应如下

$$RCOOM + HCl \rightarrow RCOOH + MCl$$

质量分数为10%盐酸溶液还可以和润滑脂中某些金属微粒（如铁屑）作用，生成可溶于水层的金属氯化物而被除去，其反应如下

$$Fe + 2HCl \rightarrow FeCl_2 + H_2 \uparrow$$

5）水主要作为洗涤液，用于将残存于滤器上的酸类及盐类洗去。

6）石油醚可溶解润滑脂中的润滑油组分和高级脂肪酸。

7）1:4乙醇—苯溶液可溶解油、沥青质等有机成分。

9.3.4　影响测定的主要因素

1）称取试样前，须先将试样混合均匀，石蜡和黏稠的石油产品应预先加热到40~80℃，仔细搅拌均匀，试样不均匀会影响测定结果的准确性。

2）要根据试样的性质选择适当的溶剂，否则测定的结果之间无法进行比较；溶剂在使用前要过滤，溶剂中的机械杂质会对测定结果有较大的影响。

3）空滤纸不要和带沉淀的滤纸在同一烘箱中干燥，以免空滤纸吸附溶剂及油类的蒸气，影响恒重。

4）到规定冷却时间后，应立即称量，以免时间拖长，因滤纸的吸湿作用而影响恒重，过滤及恒重操作应严格遵守质量分析的有关规定进行。

5）测定双曲线齿轮油、饱和气缸油等润滑油的机械杂质时，要观察滤纸上有无砂石及其他摩擦物。如有这类物质，则认为机械杂质不合格。

在用酸分解法测定润滑脂中机械杂质时还须注意：润滑脂的表面及靠近器壁处易受外界因素的影响，如灰尘及铁锈等混入，使测定结果偏高，故取样时应将表面刮去并在不靠器壁至少三处取样，调和均匀。微孔玻璃坩埚要洗涤干净，直至滤板洁白，否则，残存的污物会影响测定结果。

9.4　试验

9.4.1　石油产品水分的测定（蒸馏法，GB/T 260—2016）

1. 试验目的

1）掌握蒸馏法测定石油产品中水分含量的操作技能、方法、步骤和注意事项。

2）掌握水分含量的计算和表示方法。

2. 仪器与材料

（1）仪器　水分测定器，见图9-1，包括圆底烧瓶（容量为500mL）、接收器、直管式冷凝管（推荐长度为400mm）。

（2）试剂与材料　溶剂按规定选取；玻璃珠等助沸材料（使用前必须经过干燥）；试样油（流动的液体试样）。

3. 方法概要

将100g试样与100mL无水溶剂油混合，进行蒸馏，测定其水含量并以质量分数表示。

4. 试验步骤

（1）样品均化　将试样按GB/T 260—2016附录A要求均化。

（2）称量试样　向洗净并烘干的圆底烧瓶中加入试样100g，称准至0.1g。

（3）加入溶剂油、助沸材料　用量筒量取100g对应体积的试样，倒入圆底烧瓶。用一份50mL和两份25mL选好的抽提溶剂分次冲洗量筒，将试样全部转移到蒸馏器中。加入玻璃珠。

（4）安装装置　按图9-1组装蒸馏装置，通过估算样品中的水含量，选择适当的接收器，确保蒸气和液体相接处的密封。冷凝管及接收器需清洗干净，以确保蒸出的水不会粘到管壁上，而全部流入接收器底部。在冷凝管顶部塞入松散的棉花，防止大气中的湿气进入。在冷凝管的夹套中通入循环冷却水。

（5）加热　加热蒸馏瓶，调整试样沸腾速度，使冷凝管中冷凝液的馏出速率为2~9滴/s。继续蒸馏至蒸馏装置中不再有水（接收器内除外），接收器中水的体积在5min内保持不变。如果冷凝管上有水环，应小心提高蒸馏速率，或将冷凝水的循环关掉几分钟。

（6）读数　待接收器冷却至室温后，用玻璃棒或聚四氟乙烯棒，或其他合适的工具将冷凝管和接收器壁粘附的水分拨移至水层中。读出水体积，精确至刻度值。

注意：如果使用新的一批溶剂，需按要求测定试验所需的溶剂，水含量测定结果应为"无"。

5. 精密度

按下述规定判断试验结果的可靠性（95%的置信水平）。

（1）重复性　同一操作者，使用同一仪器，对同一试样进行测试，所得两个重复测定结果之差，不应大于下述规定或表9-4所示数值。

当使用10mL精密锥形接收器测定水含量时，接收器的接收水量在0.3mL（含）以下时，所得两个测定结果之差，不应超过接收器的一个刻度。

（2）再现性　不同的操作者，在不同的实验室，对同一个试样进行测定，所得两个单一和独立的结果之差，不应大于表9-4所示数值。

表 9-4　精密度

接收的水量	重复性	再现性
0.0~1.0	0.1	—
1.1~25	0.1mL 或接收水量平均值的 2%，取两者之中的较大者	0.2mL 或接收水量平均值的 10%，取两者之中的较大者

6. 结果的表示

1）报告水含量结果，以体积分数或质量分数表示。

2）对 100mL 或 100g 的试样，若使用 2mL 或 5mL 的接收器，报告水含量的测定结果应精确至 0.05%；若使用 10mL 或 25mL 的接收器，则报告结果精确至 0.1%。

3）当使用 10mL 精密锥形接收器时，水含量小于（含等于）0.3% 时，报告水含量的测定结果精确至 0.03%；当水含量大于 0.3% 时，则报告结果精确至 0.1%。试样的水含量小于 0.03%，结果报告为"痕迹"，在仪器拆卸后接收器中没有水存在，结果报告为"无"。

7. 试验报告

1）注明本标准编号。

2）被测产品的类型及相关信息。

3）试验结果。

4）注明协议或其他原因，与规定试验步骤存在的任何差异。

5）试验日期。

9.4.2　石油产品水分的测定（卡尔费休库仑滴定法，GB/T 11133—2015）

1. 试验目的

1）掌握自动滴定仪直接测定石油产品中水含量的操作技能、方法、步骤和注意事项。

2）掌握水含量的计算和表示方法。

2. 仪器与材料

（1）仪器

1）卡尔费休库仑滴定仪：市售各种型号的自动卡尔费休库仑滴定仪器。它们均由滴定池、铂电极、磁力搅拌器和控制单元部分组成。

2）水分蒸发器：市售各种型号的自动水分蒸发器。

3）注射器：适于用标有精确刻度的玻璃注射器或一次性注射器。将试样注入滴定池中，注射器针头的长度能够保证穿过进样口隔膜后能浸入到阳极试液液面以下。针头的针孔应尽可能小，但应保证吸样时不会出现反压或堵塞的情况。

4）天平：感量为 0.1mg。

（2）试剂和材料

1）蒸馏水：符合 GB/T 6682—2008 中二级水的要求。

2）卡尔费休试剂。

3）白油：分析纯。

3. 方法概要

将一定量的试样加入到卡尔费休库仑仪的滴定池中，滴定池阳极生成的碘与试样中的水根据反应的化学计量学，按 1∶1 的比例发生卡尔费休反应。当滴定池中所有的水反应消耗完后，滴定仪通过检测过量的碘产生的电信号，确定滴定终点并终止滴定，因此依据法拉第定律，滴定出的水的量与总积分电流呈一定比例关系。试样进样量的计量单位可以是质量单位或体积单位。

注意：黏度大或是存在干扰反应的试样可使用水分蒸发器进行测量。将试样加入到水分蒸发器中加热，蒸发出的水由干燥的载气带入卡尔费休滴定池中进行滴定分析。

4. 试验步骤 A（质量直接滴定法）

（1）仪器准备　按照滴定仪制造商的设备说明书准备并操作滴定设备。密封各个接口和连接处，防止空气中的湿气进入仪器。

（2）开启仪器　开机，打开磁力搅拌装置，调整搅拌速度均匀平稳。预滴定滴定池里残余的微量水直至达到滴定终点。在进行下一次试验前，确保背景电流稳定并低于厂家推荐的最大值。

说明：如果仪器长时间显示高背景电流，可能是滴定池内壁存在微量水，轻轻地摇动滴定池（或提高搅拌速率）使电解液冲洗容器内壁。保持滴定仪处于开启状态可使背景电流稳定在较低的水平。

（3）加入试样进行滴定　选取洁净、干燥具有合适容量的注射器，吸取并丢弃至少 3 次试样。然后立即吸取一份试样，用一张干净的滤纸擦净针头后称重，精确到 0.1mg。将注射器针头穿过仪器进样口隔膜，浸入阳极页面以下，启动滴定并注入试样。抽出注射器，用一张滤纸擦净针头，称重，精确到 0.1mg。到达滴定终点后，记录下滴定的水的微克数。

5. 试验步骤 B（体积直接滴定法）

用注射器取适当体积的试样，按步骤 A 中操作进行试验。

说明：注射器中如存在气泡将会影响试验精度，而每个样品生成气泡的倾向性是受样品类型和相应蒸气压两因素联合作用的。高精度注射器经证明很难准确量取黏稠状样品的体积。

6. 精密度和偏差

（1）精密度　按下述规定判断试验结果的可靠性（95% 的置信水平）。

1）重复性。同一操作者，在同一实验室，使用同一仪器，按照相同方法，对同一试样连续测得的两个试验结果之差不应超过表 9-5 中对应的数值。

2）再现性。不同操作者，在不同的实验室，使用不同的仪器，按照相同的方法，对同一试样测得的两个单一、独立的试验结果之差不超过表 9-5 中对应的数值。

表 9-5 精密度

精密度	以体积单位计量进样	以质量单位计量进样
重复性	$0.088\,52X^{0.7}$	$0.038\,13X^{0.6}$
再现性	$0.524\,8X^{0.7}$	$0.424\,3X^{0.6}$

注：其中 X 为两个试验结果的平均值，体积分数（%）或质量分数（%）。

（2）偏差 由于库仑法水含量测定仅由本试验方法所定义，故用此试验方法测定水含量没有偏差。

7. 结果的表示

报告试样中水含量，精确到 1mg/kg 或 0.01%（质量分数）；或精确到 1μL/mL 或 0.01%（体积分数）。

8. 试验报告

1）注明本标准编号。

2）被测产品的类型及相关信息。

3）试验结果。

4）注明协议或其他原因，与规定试验步骤存在的任何差异。

5）试验日期。

9.4.3 石油产品灰分的测定（GB/T 508—1985）

1. 试验目的

1）了解灰分测定仪器的使用性能，熟悉灰分测定原理。

2）掌握灰分测定的操作步骤及计算方法。

2. 仪器与材料

（1）仪器 瓷坩埚或瓷蒸发皿（50mL）；电热板或电炉；高温炉（能加热到恒定于 775℃±25℃的温控系统）；干燥器（不装干燥剂）。

（2）试剂与材料 柴油或润滑油；盐酸（化学纯，配成 1∶4 的水溶液）；定量滤纸（直径9cm）；硝酸铵（分析纯，配成质量分数10%的水溶液）。

3. 方法概要

用无灰滤纸作为灯芯，放入试样中点燃，燃烧到只剩下灰分和炭质残留物，再在 775℃±25℃高温炉中加热转化成灰分，冷却后称量。

4. 准备工作

（1）瓷坩埚的准备 将稀盐酸（1∶4）注入瓷坩埚（或瓷蒸发皿）内，煮沸几分钟，用蒸馏水洗涤。烘干后再放入高温炉中，在 775℃±25℃温度下煅烧至少 10min，取出在空气中至少冷却 3min，移入干燥器中。冷却 30min 后，称量，准确至 0.0002g。

（2）试样的准备 将瓶中柴油试样（其量不得多于该瓶容积的 3/4）剧烈摇动均匀。对黏稠的润滑油试样可预先加热至 50~60℃，摇匀后取样。

5. 试验步骤

（1）准确称量坩埚、试样 将已恒重的坩埚称准至 0.0002g，并以同样的准确度称取试样 25g，装入 50mL 坩埚内。

（2）安放引火芯　用一张定量滤纸叠两折，卷成圆锥形，从尖端剪去 5~10mm 后平稳地插放在坩埚内油中，作为引火芯，要将大部分试油表面盖住。

（3）加热含水试样　在测定含水试样时，将装有试样和引火芯的坩埚放置在电热板上开始缓慢加热，使其不溅出，让水慢慢蒸发，直到浸透试样的滤纸可以燃烧为止。

（4）试样的燃烧　在引火芯浸透试样后，点火燃烧。试样的燃烧应进行到获得干性炭化残渣时为止，当燃烧时，火焰高度维持在 10cm 左右。

（5）高温炉煅烧　试样燃烧后，将盛残渣的坩埚移入已预先加热到 775℃±25℃ 的高温炉中，在此温度下保持 1.5~2h，直到残渣完全成为灰烬。

（6）重复煅烧　残渣成灰后，将坩埚在空气中冷却 3min，然后在干燥器内冷却约 30min，进行称量，称准至 0.0002g，再移入高温炉中煅烧 15min。重复进行煅烧、冷却及称量，直至连续两次称量之差小于 0.0004g。

6. 精密度

重复测定两次结果间的差值，不应超过表 9-6 中的数值。

表 9-6　同一实验者连续两次测定结果的允许差值

灰分 w/（%）	<0.005	0.005~0.01	0.01~0.1	≥0.1
允许差值/（%）	0.002	0.003	0.005	0.01

7. 报告

取重复测定两次结果的算术平均值，作为试样的灰分。

9.4.4　润滑油中机械杂质的测定（称量法）（GB/T 511—2010）

1. 试验目的

1）掌握测定石油产品机械杂质的操作方法、步骤和试验中应该注意的事项。

2）掌握恒重称量的操作技能及分析结果计算。

2. 仪器与材料

（1）仪器　烧杯或宽颈的锥形烧杯（2个）；称量瓶（2个）；玻璃漏斗（2支）；干燥器（1支）；水浴或电热板（1支）；定量滤纸（中速，滤速31~60s，直径11cm）。

（2）试剂及材料　试样油（汽油机油或柴油机油）；溶剂油（符合 GB 1922—2006 规格）或航空汽油（符合 GB 1787—2018 规格）；质量分数为 95% 乙醇（化学纯）；乙醚（化学纯）；苯（化学纯）；乙醇苯混合液（用质量分数为 95% 乙醚和苯按体积比 1∶4 配成）；乙醇-乙醚混合液（用质量分数为 95% 乙醇和乙醚按体积比 4∶1 配成）。

3. 方法概要

称取一定量的试样，溶于所用的溶剂中，用已恒重的过滤器过滤，被留在过滤器上的杂质即为机械杂质。

4. 准备工作

（1）试样的准备　将盛在玻璃瓶中的试样（不超过瓶体积的 3/4）摇动 5min，使之混合均匀。

（2）滤纸的准备 将定量滤纸放在敞盖的称量瓶中，在105~110℃的烘箱中干燥不少1h。然后盖上盖子放在干燥器中冷却30min后，进行称量，称准至0.0002g。重复干燥（第二次干燥只需30min）及称量，直至连续两次称量之差不超过0.0004g。

5. 试验步骤

（1）称量试样 称取摇匀并搅拌过的试样100g，准确至0.5g。

（2）溶解试样 往盛有试样的烧杯中，加入温热的溶剂油200~400g，并用玻璃棒小心搅拌至试样完全溶解，再放到水浴上预热。在预热时不要使溶剂沸腾。

（3）过滤 将恒重的滤纸放在固定于漏斗架上的玻璃漏斗中，趁热过滤试样溶液，并用温热溶剂油将烧杯中的沉淀物冲洗到滤纸上。

（4）洗涤 当过滤结束时，将带有沉淀的滤纸用溶剂油冲洗至滤纸上，直至没有残留试样的痕迹，且滤出的溶剂完全透明和无色为止。

（5）烘干 冲洗完毕，将带有机械杂质的滤纸放入已恒重的称量瓶中，敞开盖子，放在105~110℃烘箱中不少于1h，然后盖上盖子，放在干燥器中冷却30min后进行称量，称准至0.0002g。重复操作，直至连续两次称量之差小于0.0004g为止。

6. 精密度

重复测定连续两次结果之差，不应超过下列数值，见表9-7。

表 9-7 同一实验者连续两次测定结果的允许误差

机械杂质 $w/(\%)$	<0.01	0.01~0.1	0.1~1.0	≥1.0
允许差值/（%）	0.005	0.01	0.02	0.20

7. 报告

1）取重复测定两个结果的算术平均值作为试验结果。

2）机械杂质的含量在0.005%（质量分数）以下时，认为该油无机械杂质。

9.4.5 润滑脂中机械杂质的测定（酸分解法）（GB/T 513—1977）

1. 试验目的

1）掌握测定润滑脂中机械杂质的操作方法、步骤和各种仪器的使用。

2）熟练掌握恒重称量的操作技能及分析结果计算。

2. 仪器与材料

（1）仪器 烧杯（250~400mL）；锥形瓶（250mL）；洗瓶；吸滤瓶；刮刀；微孔玻璃坩埚（孔径4.5~15μm）；真空泵；加热器。

（2）试剂与材料 盐酸（化学纯，配成质量分数为10%盐酸溶液，在配制时，将235mL盐酸与760mL蒸馏水混合）；乙醇苯混合液（用质量分数为95%乙醇与苯按体积比1：4配成）；石油醚（60~90℃的馏分）或溶剂油（80~120℃的馏分）。

3. 方法概要

用锥形瓶（或烧杯）称取试样，加入质量分数为10%盐酸及石油醚（溶剂油或苯）。将锥形瓶装上回流冷凝管,在水浴或电炉上加热至试样全部溶解。然后倒入已知质量的微孔玻璃坩埚过滤,再用乙醇苯混合液洗涤,最后用热蒸馏水洗涤至沉淀物呈中性,烘干至恒重。

4. 试验步骤

(1) 取样　用刮刀将试样表面刮去,在不靠近器壁的至少三处取出试样,并收集在烧杯中,调和均匀。

(2) 微孔玻璃坩埚的准备　将微孔玻璃坩埚,在 105~110℃ 恒温箱内至少干燥 1.5h,然后移入干燥器内冷却 30min,进行称量,准确至 0.0002g。重复干燥 30min,冷却 30min,再称量,直至两次连续称量之差不大于 0.0004g 为止。

(3) 称量、溶解试样　用烧杯称取试样 20~25g,准确至 0.1g。然后加入质量分数 10% 盐酸 50mL。将烧杯缓缓加热,但不要沸腾,搅拌至全部皂块消失及上层澄清为止,冷却到 35~40℃ 后,加入石油醚(溶剂油)50mL,再混合均匀。

(4) 过滤、洗涤　将烧杯中的溶解物缓缓倒入质量恒定的微孔玻璃坩埚上,再将有沉淀物的微孔玻璃坩埚用乙醇苯混合液洗涤,直至滤液滴在滤纸上蒸发后不再留有油迹为止;并用少量质量分数 95% 乙醇冲洗,最后用热蒸馏水洗涤沉淀物为中性(用甲基橙检查)。再用质量分数 95% 乙醇洗涤 1~2 次。

(5) 烘干、恒重　洗完后,将带有沉淀的微孔玻璃坩埚在 105~110℃ 恒温箱中至少干燥 1.5h,然后移入干燥器内冷却 30min,进行称量,准确至 0.0002g。重复干燥 30min、冷却 30min 和称量,直至两次连续称量之差不超过 0.0004g 为止。

5. 精密度

重复测定,两次结果之差不应超过 0.025%。

6. 报告

取重复测定两次结果的算术平均值作为测定结果,若测定结果小于 0.025%(质量分数)时,即认为无机械杂质。

第10章

润滑脂及其性能测定

石油产品除了燃料和润滑油以外，还有润滑脂。润滑脂的分析关系到石油这一宝贵资源的综合利用，有利于拓展石油产品的应用。

10.1 润滑脂

润滑脂是一种在常温下呈油膏状（半固体）的塑性润滑剂，润滑脂是由基础油、稠化剂和添加物组成的。基础油是液体润滑剂，一般选用矿物油，在有特殊要求的条件下，也可选用合成油作为基础油。稠化剂是润滑脂中重要的特征组成部分。它是被相对均匀地分散在基础油中而形成的润滑脂结构的固体颗粒。通常可分为皂基稠化剂和非皂基稠化剂。皂基稠化剂是指脂肪酸金属皂，如脂肪酸钙、钠、锂和铝等。非皂基稠化剂有石蜡和地蜡、膨润土和硅胶、聚脲、聚四氟乙烯、全氟乙烯丙烯共聚物等。根据使用性能要求，也可以加入胶溶剂、抗氧剂、极压抗磨剂、防锈剂、防水剂和丝性增强剂等添加剂。

10.1.1 润滑脂的特性

润滑脂在常温低负荷下，类似固体，能保持自己的形状而不流动，能粘附于机械摩擦部件的表面，起到良好的润滑作用，而又不致使润滑脂滴落或流失；同时还能起到保护和密封的作用，减少设备因与其他杂质的接触而受到的腐蚀作用。在较高的温度或受到超过一定限度的外力时或当机械部件运动摩擦而升温时，润滑脂开始塑性变形，像流体一样能流动，类似黏性流体而润滑机械部件，从而减少运动部件表面间的摩擦和磨损。当运动停止后润滑脂又能恢复一定的稠度而不流失。正因为润滑脂有这样的特殊性能，因此才被广泛地应用于航空、汽车、纺织、食品等工业的机械和轴承的润滑上。

10.1.2 润滑脂的种类及用途

1. 润滑脂的分类

润滑脂种类复杂，牌号繁多。为了正确使用润滑脂，对其使用性能进行正确评价分析，必须了解其分类及使用特点。目前，润滑脂按分类依据不同，有如下三种分类方法。

（1）按稠化剂类型分类　润滑脂的性能特点主要决定于稠化剂的类型，用稠化剂命名可以体现润滑脂的主要特性。该法将润滑脂分为皂基脂和非皂基脂两大类，见表10-1。

（2）按使用性能和应用范围分类　按被润滑机械元件的不同可分为轴承脂、齿轮脂、链条脂等；按使用温度不同可分为低温脂、普通脂和高温脂等；按应用范围不同分为多效脂、专用脂和通用脂；按基础油不同分为矿物油脂和合成油脂；按承载性能不同可分为极压脂和普通脂等。

表 10-1　润滑脂按稠化剂分类

润滑脂	稠 化 剂	实　例
皂基润滑脂	单皂基脂(脂肪酸金属)	锂基润滑脂、钙基润滑脂等
	复合皂基脂(不同脂肪酸金属皂混合)	锂钙基润滑脂、钙钠基润滑脂等
非皂基润滑脂	烃基润滑脂(石蜡和地蜡)	工业凡士林、表面润滑脂等
	有机稠化润滑脂(有机化合物)	聚脲基润滑脂、钛菁酮润滑脂等
	无机稠化剂润滑脂(无机化合物)	膨润土润滑脂、硅胶润滑脂等

（3）国家标准分类　上述分类法局限性较大，使用同一种稠化剂可以制造出多种具有不同性能的润滑脂，即使不同类型稠化剂制造的润滑脂，其性能往往也难以区别。为此制定了国家标准 GB/T 7631.8—1990《润滑剂和有关产品（L 类）的分类　第 8 部分：X 组（润滑脂）》，该标准等效采用国际标准 ISO 6743/9：1987《润滑剂、工业润滑油和有关产品（L 类）分类　第 9 部分：X 组（润滑脂）》。

GB/T 7631.8—1990 根据润滑脂应用时的操作条件、环境条件及需要润滑脂具备的各种使用性能作为基础进行分类。每种润滑脂用字母 L 和其余一组（5 个）大写字母及一些数字组成的代号表示。其中，字母 L 表示润滑剂和有关产品的类别代号，字母 X 表示润滑脂 242 组别，其余 4 个大写字母表示润滑脂的使用性能水平，依次为最低操作温度、最高操作温度、润滑脂在水污染的操作条件下的抗水性和防锈性、润滑脂在高负荷或低负荷场合下的润滑性，数字表示稠度等级。润滑脂代号的字母标记顺序见表 10-2，润滑脂分类见表 10-3，水污染（字母 4）情况的确定方法见表 10-4，润滑脂稠度等级划分方法见表 10-5。

表 10-2　润滑脂代号的字母标记顺序

L	X(字母 1)	字母 2	字母 3	字母 4	字母 5	稠度等级
润滑剂类	润滑脂组别	最低操作温度	最高操作温度	水污染(抗水性、防锈性)	极压性	稠度号

例如，某种润滑脂在下述操作条件下使用：最低操作温度为 20℃；最高操作温度为 160℃；环境条件为经受水洗；不需要防锈；高负荷；稠度等级为 00。则按表 10-2~表 10-5，可写出该润滑脂的标记代号

L-XBEGB00

显然，按 GB/T 7631.8—1990 分类，简化了润滑脂的品种命名，较为科学、合理，因为按这种分类很容易根据实际需要选出合适的润滑脂，不同稠化剂制成的润滑脂只要符合操作条件均在可选之列。但习惯上，目前仍在使用按稠化剂类型分类的方法。

表 10-3　润滑脂分类

字母代号(字母1)	总用途	使用				要求					标记
		操作温度范围				水污染	字母4	负荷	字母5	稠度	
		最低温度①/℃	字母2	最高温度②/℃	字母3						
X	用润滑脂的场合	0 -20 -30 -40 <-40	A B C D E	60 90 120 140 160 180 >180	A B C D E F G	在水污染的条件下润滑脂的润滑性、抗水性和防锈性	A B C D E F G H I	在高负荷、低负荷下表示润滑脂的润滑性和极压性，A 表示非极压型脂，B 表示极压型脂		选用以下稠度号 000 00 0 1 2 3 4 5 6	一种润滑脂的标记代号是由字母 X 和其他 4 个字母及稠度等级号联系在一起来标记的

① 设备起动或运转时，或泵送润滑脂时，所经历的最低温度。
② 在使用时，被润滑部件的最高温度。

表 10-4　水污染（字母 4）情况的确定方法

环境条件①	防锈性②	字母4	环境条件①	防锈性②	字母4
L	L	A	M	H	F
L	M	B	H	L	G
L	H	C	H	M	H
M	L	D	H	H	I
M	M	E			

① L 表示干燥环境；M 表示静态潮湿环境；H 表示水洗。
② L 表示不防锈；M 表示淡水存在下的防锈性；H 表示盐水存在下的防锈性。

表 10-5　润滑脂稠度等级划分方法

NLGI 级①	000	00	0	1	2	3	4	5	6
锥入度/0.1mm	445~475	400~430	355~385	310~340	265~250	220~250	175~205	130~160	85~115

① NLGI 级为美国润滑脂协会的稠度编号。

2. 几种润滑脂的质量指标及其用途

（1）钙基润滑脂　俗称"黄油"，它是以动植物油所含脂肪酸钙皂为稠化剂，稠化中等黏度的润滑油而制成的润滑脂。合成钙基润滑脂则是用合成脂肪酸钙皂稠化中等黏度的润滑油而制成。

钙基润滑脂按锥入度标准可分为 1 号、2 号、3 号和 4 号。其质量指标见表 10-6。

钙基润滑脂是使用面最广的一种老品种润滑脂，可应用于中小型电动机、水泵、拖拉机、汽车、冶金、纺织机械等中等转速、中等负荷滑动轴承的润滑，使用温度范围为-10~60℃。

（2）钠基润滑脂　钠基润滑脂是以中等黏度润滑油或合成润滑油与天然脂肪酸钠皂稠化而成。

钠基润滑脂分为2号、3号。其质量指标见表10-7。

表10-6　钙基润滑脂的质量指标

项　　目		质量指标（GB/T 491—2008）				试验方法
		1号	2号	3号	4号	
外观		淡黄色至暗褐色均匀油膏				目测
工作锥入度/(0.1mm)		310~340	265~295	220~250	175~205	GB/T 269—2023
滴点/℃	不低于	80	85	90	95	GB/T 4929—1985
腐蚀（T₂铜片,室温,24h）		铜片上没有绿色或黑色变化				GB/T 7326—1987（乙法）
水分/(%)	不大于	1.5	2.0	2.5	3.0	GB/T 512—1965
灰分/(%)	不大于	3.0	3.5	4.0	4.5	SH/T 0327—1992
钢网分油量（60℃,24h）/(%)	不大于	—	12	8	6	SH/T 0324—2010
延长工作锥入度（1万次）与工作锥入度差值/(0.1mm)	不大于	—	30	35	40	GB/T 269—2023
水淋流失量（38℃,1h）/(%)	不大于	—	10	10	10	SH/T 0109—2004①
矿物油运动黏度（40℃）/(mm²/s)		28.8~74.8				GB/T 265—1988

① 水淋后，轴承烘干条件为77℃±6℃，16h。

表10-7　钠基润滑脂的质量指标

项　　目		质量指标（GB/T 492—1989）		试验方法
		2号	3号	
滴点/℃	不低于	160	160	GB/T 4929—1985
锥入度/(0.1mm)　工作　延长工作（10万次）不大于		265~295　375	220~250　375	GB/T 269—2023
腐蚀试验（T₂铜片,室温,24h）		铜片无绿色或黑色变化		GB/T 7326—1987（乙法）
蒸发量（99℃,22h）/(%)	不大于	2.0	2.0	GB/T 7325—1987

钠基润滑脂可在-10~100℃的温度范围内使用，适用于各种中等负荷机械设备的润滑，但不适用于与水相接触的润滑部位。

（3）锂基润滑脂　锂基润滑脂是以天然脂肪酸锂皂稠化中等黏度的润滑油或合成润滑油，并添加抗氧剂、防锈剂和极压剂而制成的多效长寿命的通用润滑脂。通用锂基润滑脂和极压锂基润滑脂的质量指标见表10-8和表10-9。

表10-8　通用锂基润滑脂的质量指标

项　　目		质量指标（GB/T 7324—2010）			试验方法
		1号	2号	3号	
外观		浅黄色至褐色光滑油膏			目测
工作锥入度/(0.1mm)		310~340	265~295	220~250	GB/T 269—2023
滴点/℃	不低于	170	175	180	GB/T 4929—1985
腐蚀（T₂铜片,100℃,24h）		铜片无绿色或黑色变化			GB/T 7326—1987（乙法）

（续）

项　目		质量指标(GB/T 7324—2010)			试验方法
		1 号	2 号	3 号	
钢网分油(100℃,24h)/(%)	不大于	10	5		SH/T 0324—2021
蒸发量(99℃,22h)/(%)	不大于	2.0			GB/T 7325—1987
杂质（显微镜法）/（个/cm³）	10μm 以上　不大于	5000			SH/T 0336—1994
	25μm 以上　不大于	3000			
	75μm 以上　不大于	500			
	125μm 以上　不大于	0			
氧化安定性(99℃,100h,0.760MPa)压力降/MPa　不大于		0.070			SH/T 0325—1992
相似黏度(-15℃,10s⁻¹)/(Pa·s)　不大于		600	800	1000	SH/T 0048—1991
延长工作锥入度(10 万次)/(0.1mm)　不大于		380	350	320	GB/T 269—2023
水淋流失量(38℃,1h)/(%)　不大于		8			SH/T 0109—2004
防腐蚀性(52℃,48h)/级　不大于		1			GB/T 5018—2008

注：相似黏度——以中间基原油、环烷基原油生产的润滑脂，相似黏度的质量指标，允许 1 号、2 号、3 号分别为不大于 800Pa·s、1000Pa·s、1500Pa·s。

表 10-9　极压锂基润滑脂的质量指标

项　目		质量指标（GB/T 7323—2019）				试验方法
		00 号	0 号	1 号	2 号	
工作锥入度/(0.1mm)		400~430	355~385	310~340	265~295	GB/T 269—2023
滴点/℃　不低于		165	170			GB/T 4929—1985
腐蚀(T₂铜片,100℃,24h)		铜片无绿色或黑色变化				GB/T 7326—1987（乙法）
钢网分油(100℃,24h)/(%)　不大于		—		10	5	SH/T 0324—2021
蒸发量(99℃,22h)/(%)　不大于		2.0				GB/T 7325—1987
杂质（显微镜法)/(个/cm³)	10μm 以上　不大于	3000				SH/T 0336—1994
	75μm 以上　不大于	500				
	125μm 以上　不大于	0				
相似黏度(-15℃,10s⁻¹)/(Pa·s)　不大于		100	150	250	500	SH/T 0048—1991
延长工作锥入度(10 万次)/(0.1mm)　不大于		450	420	380	350	GB/T 269—2023
水淋流失量(38℃,1h)/(%)　不大于		—		10	10	SH/T 0109—2004
防腐蚀性(52℃,48h)/级　不大于		1				GB/T 5018—2008
极压性能	（梯姆肯法）OK 值/N　不小于	133	156			NB/SH/T 0203—2014
	（四球机法）P_B 值/N　不小于	588				SH/T 0202—1992

通用锂基润滑脂具有良好的抗水性、机械安定性、防腐蚀性和氧化安定性，适用于工作温度在-20~120℃范围内各种机械设备的滚动轴承及其他摩擦部位的润滑。

极压锂基润滑脂的使用温度范围也为-20~120℃。可用于高负荷机械设备轴承及齿轮的润滑，也可用于集中润滑系统。

（4）铝基润滑脂 铝基润滑脂是由脂肪酸铝皂稠化矿物油而制得的。其质量指标见表10-10。

表10-10 铝基润滑脂的质量指标

项 目		质量指标（SH/T 0371—1992）	试验方法
外观		淡黄色到暗褐色的光滑透明油膏	目测
滴点/℃	不低于	75	GB/T 4929—1985
工作锥入度/（0.1mm）		230~280	GB/T 269—2023
水分/（%）		无	GB/T 512—1965
机械杂质（酸分解法）		无	GB/T 513—1977
皂含量/（%）	不低于	14	SH/T 0319—1992

铝基润滑脂具有高度耐水性，可用于航运机器摩擦部分的润滑及金属表面的防腐，其使用温度为低于50℃。

（5）钡基润滑脂 钡基润滑脂是由脂肪酸钡皂稠化精制中等黏度的矿物润滑油而制成的。表10-11列出了钡基润滑脂的质量指标。

表10-11 钡基润滑脂的质量指标

项 目		质量指标（SH/T 0379）（已废止，但仍在使用）	试验方法
外观		黄色到暗褐色均匀软膏	目测
滴点/℃	不低于	135	GB/T 4929—1985
工作锥入度/（0.1mm）		200~260	GB/T 269—2023
腐蚀（钢片、铜片,100℃,3h）		合格	SH/T 0331—1992
机械杂质（酸分解法）/（%）	不大于	0.2	GB/T 513—1965
水分/（%）	不大于	痕迹	GB/T 512—1977
矿物油运动黏度（40℃）/（mm^2/s）		41.4~74.8	GB/T 265—1988

钡基润滑脂具有黏着性好、滴点高、几乎不溶于汽油与醇类等有机溶剂的特点，因此适用于汽车与醇类有机溶剂接触的部位及水泵、液压泵和船舶推进器等摩擦部位的润滑；但其胶体的安定性差，不宜长期存放。

（6）复合钙基润滑脂 复合钙基润滑脂是由脂肪酸和低分子酸（如乙酸）调配的复合钙皂稠化高、中黏度润滑油并加有抗氧添加剂而制成的。复合钙基润滑脂的质量指标见表10-12。

复合钙基润滑脂中引入了低分子酸调配成的复合钙皂，改善了润滑脂的耐高温性能，滴点不低于200℃，使用温度可达150℃左右，同时该类润滑脂的极压性较高，因此适用于高温、高负荷、高潮湿环境下摩擦部位的润滑。

表 10-12　复合钙基润滑脂的质量指标

项目		质量指标（SH/T 0370—1995）			试验方法
		1 号	2 号	3 号	
工作锥入度/(0.1mm)		310~340	265~295	220~250	GB/T 269—2023
滴点/℃	不低于	200	210	230	GB/T 4929—1985
钢网分油(100℃,24h)/(%)	不大于	6	5	4	NB/SH/T 0324—2010
腐蚀(T₂铜片,100℃,24h)		铜片无绿色或黑色变化			GB/T 7326—1987(乙法)
蒸发量(99℃,22h)/(%)	不大于	2.0			GB/T 7325—1987
水淋流失量(38℃,1h)/(%)	不大于	5			SH/T 0109—2004
延长工作锥入度(10万次)变化率/(%)	不大于	25		30	GB/T 269—2023
氧化安定性(99℃,100h,0.760MPa)压力降/MPa		报告			SH/T 0325—1992
表面硬化试验(50℃,24h)不工作1/4 锥入度差/(0.1mm)	不大于	35	30	25	附录 A

（7）复合铝基润滑脂　复合铝基润滑脂是由硬脂酸、另一种有机酸或合成脂肪酸及低分子有机酸的复合铝皂稠化中等黏度的润滑油而制成的。复合铝基润滑脂的质量指标见表 10-13。

表 10-13　复合铝基润滑脂的质量指标

项　目		质量指标（SH/T 0381）(已废止,但仍在使用)				试验方法
		1 号	2 号	3 号	4 号	
外观		浅褐色至暗褐色均匀软膏				目测
滴点/℃	不低于	180	190	200	210	GB/T 4929—1985
工作锥入度/(0.1mm)		310~340	265~295	220~250	175~205	GB/T 269—2023
腐蚀(钢片、黄铜片 100℃,3h)		合格	合格	合格	合格	SH/T 0331—1992
机械杂质(酸分解法)		无	无	无	无	GB/T 513—1977
水分/(%)	不大于	痕迹	痕迹	痕迹	痕迹	GB/T 512—1965
压力分油/(%)	不大于	10	8	6	4	GB/T 392—1977

复合铝基润滑脂的滴点较高，具有热可逆性，使用时稠化度变化较小，加热不硬化，流动性能好还具有良好的抗水性和胶体安定性。因此适用于−20~150℃温度范围的各种机械设备的高温、高速、高湿条件下的滚动轴承上。

（8）合成锂基润滑脂　合成锂基润滑脂是由 12-羟基硬脂酸和另一种有机酸的复合锂基皂稠化中等黏度的精制润滑油，并添加了抗氧剂、防锈剂、抗磨剂等。表 10-14 中列出了合成锂基润滑脂的质量指标。

合成锂基润滑脂具有抗水抗磨、防腐防锈、耐高温和良好的机械安定性，适用于−30~180℃温度范围的烧结厂、水泥厂、钢厂等高温环境下炉前胶带机托辊设备的润滑。

（9）膨润土润滑脂　膨润土润滑脂是用经过表面活性剂处理后的有机膨润土稠化中、

高黏度的矿物油，并加入各种添加剂而制成的。普通膨润土润滑脂的质量指标见表 10-15。

表 10-14　合成锂基润滑脂的质量指标

项　目		质量指标（SH/T 0380）（已废止，但仍在使用）				试验方法
		1 号	2 号	3 号	4 号	
外观		浅褐色至暗褐色均匀油膏				目测
滴点/℃	不低于	170	175	180	185	GB/T 4929—1985
工作锥入度/（0.1mm）		310～340	265～295	220～250	175～205	GB/T 269—2023
延长工作锥入度（1 万次）/（0.1mm）	不大于	370	340	295	265	GB/T 269—2023
腐蚀（T_2 铜片，100℃，3h）		合格	合格	合格	合格	SH/T 0331—1992
游离碱（以 NaOH 计）/（%）	不大于	0.1	0.1	0.15	0.15	SH/T 0329—1992
水分/（%）	不大于	痕迹	痕迹	痕迹	痕迹	GB/T 512—1965
机械杂质（酸分解法）		无	无	无	无	GB/T 513—1977
压力分油/（%）	不大于	14	12	10	8	GB/T 392—1977
氧化安定性（100℃，100h，0.80MPa）压力降/MPa	不大于	0.05	0.05	0.05	0.05	SH/T 0325—1992

表 10-15　膨润土润滑脂的质量指标

项　目		质量指标（SH/T 0536—1993）			试验方法
		1 号	2 号	3 号	
工作锥入度/（0.1mm）		310～340	265～295	220～250	GB/T 269—2023
滴点/℃	不低于	270	270	270	GB/T 3498—2008
钢网分油（100℃，30h）/（%）	不大于	5	5	5	NB/SH/T 0324—2010
腐蚀（T_2 铜片，100℃，24h）		铜片无绿色或黑色			GB/T 7326—1987（乙法）
蒸发量（99℃，22h）/（%）	不大于	1.5	1.5	1.5	GB/T 7325—1987
水淋流失量（38℃，1h）/（%）	不大于	10	10	10	SH/T 0109—2004
延长工作锥入度（10 万次）变化率/（%）	不大于	15	20	25	GB/T 269—2023
氧化安定性（99℃，100h，0.770MPa）压力降/MPa	不大于	0.070	0.070	0.070	SH/T 0325—1992
相似黏度（0℃，$10s^{-1}$）/（Pa·s）		报告			SH/T 0048—1991

10.2　试验

10.2.1　润滑脂滴点的测定

1. 试验目的

1）了解润滑脂滴点的基本原理。

2）掌握滴点测定的方法及操作技能。

2. 方法概要（GB/T 4929—1985）

润滑脂装入滴点计的脂杯中，在规定的标准条件下，润滑脂在试验过程中达到一定流动的温度。

3. 仪器

（1）脂杯　镀铬黄铜杯。

（2）试管　带边耐热硅酸硼玻璃试管，在圆周上有用来支撑脂杯的三个凹槽（见图10-1）。

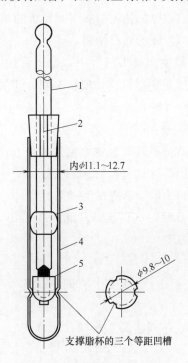

内φ11.1～12.7

φ9.8～10

支撑脂杯的三个等距凹槽

图 10-1　润滑脂滴点测定仪

1—温度计　2—软木塞上的透气槽口
3—软木导环　4—试管　5—脂杯

（3）温度计　温度范围-5～300℃；浸入深度76nm；分度值1℃；长线刻度5℃；大格刻度10℃；刻度误差不超过1℃；总长度390mm±5mm；棒径6.5mm±0.5mm；水银球长10～15mm；球直径5.5mm±0.5mm；球底部到0℃刻线距离100～110mm；球底部到300℃刻线距离329～358mm。

（4）油浴　由一只600mL烧杯和合适的油组成。

（5）抛光金属棒　直径为1.2～1.6mm，长度为150mm。

（6）加热器　一个由控制电压调节的浸入式电阻加热器。

（7）搅拌器　环形支架和环、温度计夹、软木塞。

4. 试样

润滑脂。

5. 试验步骤

（1）仪器的安装　如图 10-1 所示，将两个软木塞套在温度计上，调节上面软木塞的位置，使温度计球的顶端离脂杯底约 3mm。在油浴中吊挂第二支温度计，使其球部与试管中温度计的球部大致处于同一水平面上。

（2）装试样　取下脂杯，并从脂杯大口压入试样，直到脂杯装满试样为止。用刮刀除去多余的试样。在底部小孔垂直位置拿着脂杯，轻轻按住杯，向下穿抛光金属棒，直到棒伸出约 25mm。使棒以接触杯的上下圆周边的方式压向脂杯。保持这样的接触，用食指旋转棒上脂杯，使它螺旋状向下运动。以除去棒上附着呈圆锥形的试样，当脂杯最后滑出棒的末端时，在脂杯内侧应留下一厚度可重复的光滑脂膜。

（3）固定脂杯　将脂杯和温度计放入试管中，把试管挂在油浴里。使油面距试管边缘不超过 6mm。应适当地选择试管里固定温度计的软木塞，使温度计上的 76mm 浸入标记且与软木塞的下边缘一致，并把组合件浸入到该点。

（4）油浴加热　搅拌油浴，按 4~7℃/min 的速度升温，直到油浴温度达到比预期滴点约低 17℃ 的温度。然后，减低加热速度，使油浴温度计再升高 2.5℃ 以前，试管里的温度与油浴温度的差值应在 2℃ 或低于 2℃ 范围内。继续加热，以 1~1.5℃/min 的速度加热油浴，使试管中温度和油浴中温度之间的差值维持在 1~2℃。

（5）测定　当温度继续升高时，试样逐渐从脂杯孔露出。当从脂杯孔滴出第 1 滴液体时，立即记录两个温度计上的温度。

6. 精密度

（1）重复性　同一操作者在同一台仪器上对同一试样重复测定，两次结果间的差值不应超过 7℃。

（2）再现性　不同操作者在不同实验室对同一试样进行测定，各自得出的结果间之差值不应超过 13℃。

7. 报告

以油浴温度计与试管里温度计读数的平均值作为试样的滴点。

说明：另外，对宽温度范围的润滑脂滴点测定可采用 GB/T 3498—2008 的标准。润滑脂宽温度范围滴点试验器符合 GB/T 3498—2008 标准试验方法要求，适用于测定润滑脂宽温度范围滴点。仪器由金属浴、电控制箱两部分组成，操作方便；浴槽由铝质材料制作，导热性能良好。

10.2.2　润滑脂锥入度的测定

1. 试验目的

1）了解润滑脂锥入度测定的意义。

2）掌握润滑脂锥入度测定的操作技能。

2. 方法概要

润滑脂锥入度是在 25℃ 时将锥体组合件从锥入度计上释放，使锥体下落 5s，测得其刺入润滑脂的深度，以 0.1mm 表示。

不工作锥入度是使试料在尽可能少搅动情况下，从样品容器转移到工作器脂杯中测定的锥入度。

工作锥入度是指试料在润滑脂工作器中 60 次往复工作后进行测定的锥入度。

延长工作锥入度是指试料在润滑脂工作器中多于 60 次往复工作后进行测定的锥入度。

块锥入度是指用润滑脂的切割器切割块状润滑脂，在新切割的立方体表面上进行测定的锥入度。

石油蜡锥入度是将试样首先按规定条件熔化和冷却，然后，按润滑脂锥入度测定方法进行测定的锥入度。

3. 仪器

（1）锥入度计　锥入度计（见图 10-2）设计成能测定锥体刺入试样中的深度，以 0.1mm 为单位。锥入度计锥体组合件或平台必须能在精确调节锥尖位于润滑脂平面上时，使其指示器读数指零。当释放锥体时，至少能下落 62mm，且无明显摩擦。锥尖应不能碰击试样容器底部。仪器应带有水平调节螺丝和酒精水平仪，以保持锥杆处于垂直位置。

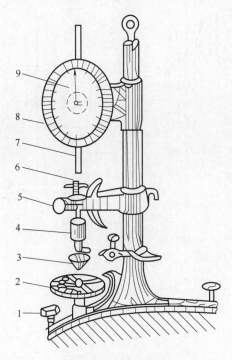

图 10-2　锥入度计

1—调节螺钉　2—旋转工作台　3—圆锥体　4—筒状砝码
5—按钮　6—枢轴　7—齿杆　8—刻度盘　9—指针

（2）锥体

1）全尺寸锥体和锥杆。锥体由镁或其他适宜材料制造的圆锥体和可拆卸的淬火钢尖组成。锥体的总质量为 102.5g±0.05g。由刚性杆组成的锥杆上端有一"台阶"，下端有一连接锥体的适当结构。只要锥体总的外形及质量分布不变，允许修改内部结构，以达到规定的质量。外表面应抛光，使其非常光滑。

2）1/2 比例锥体和锥杆。锥体由钢、不锈钢或黄铜制的，并带有一个洛氏硬度 C 为 45~50 的淬火钢尖。锥杆可用不锈钢制成。锥体和锥杆的总质量为 37.5g±0.05g。锥体的质量为 22.5g±0.05g。锥杆的质量为 15g±0.025g。

3）1/4 比例锥体和锥杆。锥体用塑料或其他低密度材质制成，并带有一个洛氏硬度 C 为 45~50 的淬火钢尖。锥杆可用镁合金制成。锥体和锥杆的总质量为 9.38g±0.025g。此值可通过在锥杆的空腔中加入小弹丸来进行调节。

（3）润滑脂的工作器

1）全尺寸润滑脂工作器如图 10-3 所示，并可以用其他紧固盖子及固定工作器的方法。工作器可制成手工操作或机械操作。工作速度应达到 -50~70 次/min，工作行程为 67~71mm，工作器应带有一支在 25℃校正过的合适的温度计，温度计通过排气阀插入。

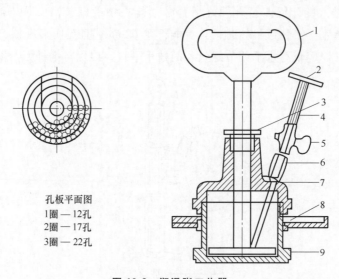

孔板平面图
1圈——12孔
2圈——17孔
3圈——22孔

图 10-3　润滑脂工作器
1—把手　2—温度计　3—密封螺帽　4—温度计衬套　5—排气阀
6—接头　7—盖　8—切开的橡皮管　9—孔板

2）1/2 比例润滑脂的工作器。可采用其他上紧盖子及固定工作器的方法。工作器可制成手工操作或机械操作。工作速度应达到 50~70 次/min，工作行程最长为 35mm。

3）1/4 比例润滑脂的工作器。可采用其他上紧盖子及固定工作器的方法。工作器可制成手工操作或机械操作。工作速度应达到 50~70 次/min，工作行程最长为 14mm。

（4）溢流环（任意设计的）　原则上符合（见图 10-3）说明，它是使溢流出的润滑脂回到工作器脂杯的一种有效辅助装置。在测定锥入度时，溢流环应安放在距脂杯边缘以下至少 13mm 的位置。溢流环边高为 13mm。

（5）润滑脂切割器　具有牢固安装的带斜刀的锋利刀片，刀片必须平直锋利。

（6）水浴　能够维持 25℃±0.5℃，并能容纳装配好的润滑脂工作器。如果水浴也用于不工作锥入度试样，则需备有防止试样表面与水接触的设施。水浴还应带有盖子，使试样上部的空气温度维持在 25℃。

（7）温度计 25℃校正过的温度计，用于水浴或空气浴。

（8）刮刀 宽度为 32nm，长度不少于 150nm 的耐腐蚀方头硬刀片；对于 1/2 和 1/4 比例锥体试验，刮刀宽度则约为 13nm。

（9）秒表 分度为 0.1s。

（10）石油脂试料容器 石油脂试料容器直径为 100mm±5mm，深度 65mm 或大于 65mm 的平底圆形的容器，用厚度至少为 1.6mm 的金属制造，如果需要，每个容器可提供一个合适的防水盖子。

4. 取样

取一份被测定产品的代表性样品。

5. 润滑脂全尺寸锥体方法——不工作锥入度的试验步骤

（1）试料准备

1）取足够样品（至少 0.5g）装满润滑脂工作脂杯，如果试料的锥入度大于 200 单位，则取样量至少需要三倍装满脂杯的量。

2）将装配好的空的润滑脂工作器或者内部尺寸相同的金属容器及装在金属容器中适量的试样保持在 25℃±0.5℃ 的水浴中足够长时间，使试样温度达到 25℃±0.5℃。最好整块从容器中将试样转移到脂杯或内部尺寸相同的金属容器中，使装样量漫过容器。在转移时，应使试样尽量少受搅动。振动容器以除去混入的空气，并用刮刀压紧试样，在尽量少搅动的情况下，取得一满杯没有空气穴的试样。斜持刮刀，使之与移动方向成 45°角横刮过脂杯边缘，以除去高出脂杯的多余试样，在整个测定不工作锥入度期间，不需要对表面进一步刮平或刮光滑，应立即进行锥入度测定。

（2）清洗锥体和锥杆 每次试验前仔细地清洗锥入度计的锥体，在清洗时，为避免将锥杆扭弯，可将锥杆牢固地固定在升高位置，除去锥杆上所有的脂或油，因这些物质在推杆上会引起阻力，不要转动锥体，这样会造成释放机构的磨损。

（3）锥入度测定

1）把脂杯放在锥入度计平台上，应调节到完全水平位置，使脂杯不摇动。调节测定机构使锥体保持在"零"位，调节仪器，使锥体尖刚好与试料的表面接触。对于锥入度大于 400 单位的试料，锥尖必须对准脂杯中心，偏差应在 0.3mm 以内。精确对准脂杯中心的一种方法是使用定中心装置。迅速释放锥杆，使其落下 5.0s±0.1s，并在此位置夹住锥杆，释放机构不应对锥杆有阻力。轻轻地压下指示器杆直至被锥杆挡住为止，从指示器刻度盘上读出锥入度值。

2）如果试料锥入度超过 200 单位，则应小心地把锥体对准容器中心，此试料只能做一次试样。

3）如果试料锥入度为 200 单位，则可在同一容器中进行三次试验，记录测定数值。三次试验的测定点位于容器中各隔 120°的三个半径（容器中心到边缘）的中点上。这样，锥体既碰不到容器边缘，也不会碰到上一次测定所形成的扰动区域。

4）对试样总共进行三次测定（在三个容器中进行或在一个容器中进行），并记录所测定的数值。

6. 润滑脂全尺寸锥体方法——工作锥入度的试验步骤

（1）试样准备

1）取样。取足够样品（至少 0.5g）以漫过润滑脂工作脂杯。

2）工作。将足够量的润滑脂移入清洁的润滑脂工作器中，使之填满（其中心部分堆起高约 13mm），用刮刀压紧以避免空气混入，装填过程中不时振动脂杯，以除去任何混入的空气。装配好孔板处于提升位置的润滑脂工作器，打开排气阀，把孔板压到杯底。从排气阀插入温度计，使温度计顶端位于试样中心。将装配好的润滑脂工作器放入 25℃±0.5℃ 的水浴中，直到温度计指示出润滑脂工作器及试样的温度达到 25℃±0.5℃。从水浴中取出润滑脂工作器，擦去工作器表面的水，取出温度计，关上排气阀。使试样在约 1min 内经受孔板 60 次全程往复工作。然后使孔板返回到其顶部位置。打开排气阀，取下顶盖和孔板，将沾在孔板上的易刮下的试样尽量刮回脂杯内。由于润滑脂工作锥入度在放置过程中会明显变化，因此应立即进行测定。

（2）试料准备

1）在脂杯中制备工作过的试样，以获得均匀的和结构可再现性的润滑脂。

2）在凳子上或地板上剧烈振动脂杯，用刮刀装填试样以填满孔板留下的孔穴以除去任何空气穴。

3）用刮刀保持 45° 角沿着脂杯边移动，刮去并保留高出脂杯边缘多余的试样。

（3）锥入度的测定

1）按照 5.（2）$^{\ominus}$ 和 5.（3）.1 条规定测定试料的锥入度。

2）立刻在同一试料中相继地进行两次以上的测定。首先，把在 6.（2）.3 条规定中用刮刀将先前刮下的试料放回脂杯中。重复 6.（2）~7.（3）.1 条规定进行操作，记录得到的三次测定值。

7. 润滑脂全尺寸锥体方法——延长工作锥入度的试验步骤

（1）试料准备

1）温度。保持实验室温度在 15~30℃，不需要进一步控制润滑脂工作器温度。但在试验前，试样要在实验室里放置足够时间，以使润滑脂温度达到 15~30℃。

2）工作。按 6.（1）.2 条规定所述，在干净的工作器脂杯中填满试样，装好工作器，试样按规定或商定次数进行往复工作。

（2）锥入度的测定　完成对试样的工作后，立即将润滑脂工作器放在恒温的空气浴或水浴中，使试样在 1.5h 内达到 25℃±0.5℃。从恒温浴中取出工作器使试样在余约 1min 内进行 60 次往复工作，按 6.（2）和 6.（3）条规定所述，进行试料的准备和测定锥入度。

8. 润滑脂全尺寸锥体方法——块锥入度的试验步骤

（1）试料准备

1）要取足够数量的润滑脂，样品必须足够硬，以保持其形状。以便从其切出一块边长

$\ominus$　文中 5.（2）表示"5. 润滑脂全尺寸锥体方法——不工作锥入度的试验步骤（2）清洗锥体和锥杆"，后文余同。

为 50mm 的立方体作为试样。

2）用润滑脂切割器，在室温下把实验室样品切成边长约为 50mm 的立方体作为试样。按住试样，切割时使切割器刀的不倾斜边朝着试样，在一个角接邻的三个面上各切一层厚约 1.5mm 试样，为便于辨认，可以截去这个角的顶角。注意不要触动新暴露面上用作进行试验的那些部分，也不要把制备好的面放到切割器底板或切割器导向器上。把制备好的试料放入 25℃±5℃ 的恒温空气浴中至少 1h，使试料达到 25℃±5℃。

（2）锥入度测定　将试料放在已经调节至完全水平的锥入度计平台上，使试料的一个试验面朝上，并压其各角，使试料保持水平并稳固地放在平台上，以防试料在试验时摇动。调节测定机构使锥体处于"零位"，并仔细地调节仪器使锥尖刚好接触试料的中心表面。按 5.（2）和 5.（3）.1 条规定所述测定锥入度。在试料的一个暴露面上总共进行三次测定。测定点至少距边 6mm，并尽可能互相远离且不碰到任何被触动过的地方、空气孔或表面上其他明显的缺陷。如果其中任一结果与其他结果的差值超过 3 个单位，则应进行补充试验，至所有的三个数值不超过 3 个单位。将这三个数据的平均值作为受试表面的锥入度值。

（3）补充测定　按 8.（2）条规定所述，在试料的另两个试验面上进行重复测定，记录得到的平均值。

9. 润滑脂 1/2 和 1/4 比例锥体方法——不工作锥入度的试验步骤

（1）试料准备　取足够样品，装满润滑脂工作器，如果试料的 1/4 锥入度大于 47 单位或 1/2 锥入度大于 97 单位，则在一个杯中只进行一次试验，所以至少需要装满三个脂杯的样品量。

（2）清洗锥体和锥杆　每次试验前仔细地清洗锥入度计的锥体，在清洗时，为避免将锥杆扭弯，可将锥杆牢固地固定在升高位置，除去锥杆上所有的脂或油，因这些物质在推杆上会引起阻力，不要转动锥体，这样会造成释放机构磨损。

（3）锥入度测定

1）如下所述，用锥体在试料表面中心处进行一次锥入度预测定，如已知锥入度的大约数值，则可省去此步骤。

2）如果试料的 1/4 锥入度大于 47 单位或 1/2 锥入度大于 97 单位，则仔细地将锥体对准容器中心，此试料只能做一次试验。

3）如果试料的 1/4 锥入度大于 47 单位或 1/2 锥入度大于 97 单位，则可在同一容器中进行三次试验，记录测定数值。三次试验的测定点位于容器中各隔 120° 的三个半径（容器中心到边缘）的中点上。这样，锥体既碰不到容器边缘，也不会碰到上一次测定所形成的扰动区域。

4）按 5.（3）.1 和 5.（3）.4 条规定进行操作。

10. 润滑脂 1/2 和 1/4 比例锥体方法——工作锥入度试验步骤

（1）试样准备

1）取足够样品，装满适合的润滑脂工作器。

2）按 6.（1）.2 条规定进行操作，但其中心部分堆起高约 6mm。在润滑脂工作器中不用温度计。

（2）试料准备　按6.（2）条规定进行。

（3）锥入度的测定

1）按9.（2）条和9.（3）.1~9.（3）.3条规定，立即测定试料的锥入度。

2）按5.（3）.1条规定进行操作。立即在同一试料中相继进行两次以上测定。首先，把6.（2）.3条规定中用刮刀刮下的先前试料放回脂杯中。然后，重复6.（2）条、9.（2）条、9.（3）.1~9.（3）.3条和5.（3）.1条规定操作。记录得到的三次测定值。

11. 石油脂锥入度测定方法——锥入度的试验步骤

（1）试料准备

1）对于锥入度大于200单位的石油脂，需取约1kg实验室样品；而对于锥入度等于或小于200单位的石油脂需取约700g实验室样品。

2）如果石油脂的锥入度大于200单位，则需要分别准备三份试料。如果石锥入度等于或小于200单位，则准备一份试料。

3）将试样放入85℃±2℃的烘箱中进行熔化，并把所需数量的试料容器与试样一起放入烘箱中使其达到85℃。当试样熔化并达到该温度的上下3℃以内，取出试样和被加热了的试料容器。将试样充满所需数量的容器，满至离容器边沿6mm以内。把充满试料的容器放置在没有通风且温度控制在25±2℃的地方冷却16~18h。在试验前，把充满试料的容器放在水浴中2h，使其温度达到25±0.5℃。不要削平试料表面或以任何其他方式对试料进行工作。从水浴中取出充满试料的容器，应立即进行测定。如果温度与25℃偏差2℃或2℃以上，则在立即测定试料之前，把锥体放在水浴中，使其恒温至25℃±0.5℃，随后用不起毛的布或纸把锥体擦干。如果室温明显偏离25℃，则必须多次调节锥体温度。

（2）锥入度的测定　按5.（2）条和5.（3）条规定进行操作。

12. 结果表示、精密度

（1）计算　计算在测定中所得记录值的平均值。使结果约到最接近的整数单位（0.1mm）。

（2）1/2和1/4锥入度换算成全尺寸锥入度　需要时，以1/2和1/4比例锥体测定的锥入度值可以按照下列方程式之一换算成全尺寸锥入度。

1）1/2比例锥体。

$$P = 2r+5$$

式中　P——近似的全尺寸锥入度；

　　　r——1/2锥入度。

2）1/4比例锥体。

$$P = 3.75p+24$$

式中　P——近似的全尺寸锥入度；

　　　p——1/4锥入度。

13. 精密度

（1）重复性　同一操作者，重复测定两个结果之差，不应大于表10-16~表10-18中规定的数值。

（2）再现性　不同实验室，各自提出的两个结果之差，不应大于表10-16~表10-18中规定的数值。

表 10-16　润滑脂全尺寸椎体　　　　（单位：0.1mm）

锥入度	锥入度①	重复性	再现性
不工作	85～475	6	18
工作	130～475	5	14
延长工作	130～475	7②	23②
块	>85	3	7

① 锥入度在 475 单位以上的精密度尚未明确。

② 室温在 21～29℃ 范围内，往复工作 60 次测得的锥入度。

表 10-17　润滑脂，1/2 和 1/4 比例椎体　　　　（单位：0.1mm）

锥入度	锥体比例	重复性①	再现性①
不工作	1/2	5(10)	13(26)
工作	1/2	3(6)	10(20)
不工作	1/4	3(11)	10(38)
工作	1/4	3(11)	7(26)

① 括号中数字表示相应地换算成全尺寸锥入度的数值。

表 10-18　石油脂

重复性,0.1mm	$2+0.05p$①
再现性,0.1mm	$9+0.12p$

① p 为两个测定结果的算术平均值。

10.2.3　润滑脂钢网分油的测定

1. 试验目的

1）了解润滑脂钢网分油的基本原理。

2）掌握润滑脂钢网分油测定的方法及操作技能。

2. 方法概要 NB/SH/T 0324—2010

将已称量的试样放在一个锥形的镍丝、镍铜合金丝或不锈钢丝网中，悬挂在烧杯上，加热到规定的时间和温度，除非润滑脂规格有特殊要求，试样的标准试验条件为 $100℃±0.5℃$ 下恒温 $30h±0.25h$，然后进行测量，对分出的油进行称量，并以开始测量的试样的质量百分数报告。

3. 仪器与设备

试验组合仪器包括 $248\mu m$ 的耐腐蚀丝形成的锥形网和一个 200ml 高型无嘴烧杯及盖，盖与烧杯紧密配合，在盖底中心处有一个挂钩，结构尺寸如图 10-4 所示。

（1）锥网　圆锥形的网，按 GB/T 10611—2003 的规定，由中粗的 $248\mu m$ 不锈钢、镍铜合金或镍丝组成。

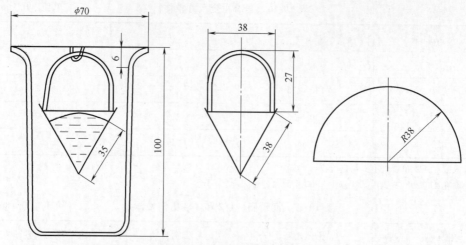

图 10-4 锥网试验装置结构图

（2）恒温箱　温度能够控制在 $100℃±0.5℃$。

（3）天平　最小称量 250g，感量为 0.01g。

4. 取样

1）检查样品是否存在不均匀的情况如分油，变相，或是受到重大污染。如果发现任何不正常的情况，则应重新获取样品。

2）用于分析的样品的量至少要能满足进行重复试验的需要。

3）尽管已经确定了试验所需润滑脂的质量，但是用来填充锥网的润滑脂的质量还是会比试验需要的量多一些。每次试验都要有足够的润滑脂来填充锥网，填满的程度近似图 10-4（大约 10min）。不管润滑脂的密度如何，每次试验所需润滑脂的体积大致相同，质量范围为 8~12g。

5. 仪器准备

1）使用合适的溶剂仔细清洗锥网、烧杯和盖，使锥网自然风干。

2）检查锥网是否清洁、无残留物以确保分油可以渗出，如果锥网网面出现不规则的情况如破缝、凹痕、折痕或者锥网网眼扩大或变小，则应更换。

6. 试验步骤

1）预先加热恒温箱到试验温度，除非有特殊要求，试验在 $100℃±0.5℃$ 标准试验条件进行 30h±0.25h。

2）称量烧杯，精确到 0.01g，W_i。

3）如图 10-4 所示组装网、盖和烧杯，称皮重，精确到 0.01g。

4）用合适的刮刀，将足够的润滑脂试样填入网内，以尽可能达到图 10-4 所示的水平，为避免形成气泡，应小心操作，不要使试样从网眼里挤出。使试样的顶部光滑并呈凸圆形，防止分出的油积留。

5）装配完好的设备如图 10-4 所示，称量精确至 0.01g，利用差值来计算润滑脂试样的质量，W。

6）将装配好的锥网分油设备放入控制在规定温度下的恒温箱内，并放置规定时间。

7）从恒温箱内取出锥网分油设备，冷却到室温。从烧杯上取下盖，轻轻敲击，使锥网网尖上的油沿烧杯壁滴入烧杯内，从而避免锥尖残留分出油。称量烧杯包括收集到的分出油，精确至 $0.01g$，W_f。

8）在试验完成后，应及时清洗设备，为下次试验做准备。

7. 计算步骤

试样的分油量，$X[（质量分数)\%]$按下式计算

$$X = 100 \times (W_f - W_i) / W$$

式中　W_i——加热前的空烧杯质量（g）；

　　　W_f——加热后的空烧杯质量（g）；

　　　W——试样的质量（g）。

8. 精密度和偏差

按 NB/SH/T 0324—2010 要求。

9. 报告

1）试样的性质。

2）试验日期。

3）试验温度和持续时间。

4）分油量，精确至 0.1%（质量分数）。

参 考 文 献

[1] 关杰强. 油品分析 [M]. 北京：化学工业出版社，2013.

[2] 王宝仁. 油品分析 [M]. 北京：高等教育出版社，2014.

[3] 刘迪，尚华. 油品分析技术 [M]. 北京：化学工业出版社，2020.

[4] 田松柏. 油品分析技术 [M]. 北京：化学工业出版社，2011.

[5] 吴秀玲，杜召民. 油品分析 [M]. 北京：化学工业出版社，2014.

[6] 郭学本. 油品分析实训教程 [M]. 北京：化学工业出版社，2016.

[7] 张德姜，王怀义，丘平. 石油化工装置工艺管道安装设计手册 [M]. 北京：中国石化出版社，2014.

[8] 廖克俭，戴跃玲，丛玉凤. 石油化工分析 [M]. 北京：化学工业出版社，2005.

[9] 王基铭，袁晴棠，胡文瑞，等. 石化工程知识体系 [M]. 北京：中国石化出版社，2021.

[10] 徐春明，杨朝合. 石油炼制工程 [M]. 4版. 北京：石油工业出版社，2000.

[11] 黄福堂，阎卫东，李振广. 石油化学 [M]. 北京：石油工业出版社，2000.

[12] 中国石油化工集团公司职业技能鉴定指导中心. 化工分析工 [M]. 北京：中国石化出版社，2006.

[13] 梁汉昌. 石油化工分析手册 [M]. 北京：中国石化出版社，2000.

[14] 汽油柴油质量检验编委会. 汽油柴油质量检验 [M]. 沈阳：辽宁大学出版社，2005.

[15] 熊云，李晓东，许世海. 油品应用及管理 [M]. 北京：中国石化出版社，2004.

[16] 王海彦，陈文艺. 石油加工工艺学 [M]. 北京：中国石化出版社，2014.

[17] 施代权，赵修从. 石油化工安全生产知识 [M]. 北京：中国石化出版社，2001.

[18] 侯祥麟. 中国炼油技术 [M]. 2版. 北京：中国石化出版社，2001.